林学基础研究系列

真菌诱导子促进白桦三萜积累的研究

范桂枝 詹亚光 著

科学出版社
北京

内 容 简 介

本书以编著者十多年的研究成果为基础，以相关研究的国内外报道为参考，论述了真菌诱导子诱导次生代谢物白桦三萜积累的研究现状。本书以白桦悬浮细胞系和白桦组培苗为研究材料，采用药理学、生理学、分子生物学、比较蛋白质组学及生物化学等方法，建立了产三萜的白桦悬浮细胞培养体系，筛选到了有效提高白桦三萜积累的真菌诱导子并建立了诱导体系；从营养生理、信号对话、白桦三萜合成关键酶基因表达、蛋白质组学水平等分析了真菌诱导子促进白桦三萜积累的过程。

本书可供从事植物细胞工程、药用植物次生代谢物调控等方面的科研人员参考，同时也适合综合性大学、农林院校相关专业的师生阅读。

图书在版编目（CIP）数据

真菌诱导子促进白桦三萜积累的研究/范桂枝，詹亚光著. —北京：科学出版社, 2017.1

ISBN 978-7-03-050491-3

Ⅰ. ①真… Ⅱ. ①范… ②詹… Ⅲ. ①白桦–三萜–研究 Ⅳ. ①S792.153

中国版本图书馆 CIP 数据核字(2016)第 272459 号

责任编辑：张会格 郝晨扬 / 责任校对：张怡君
责任印制：张 伟 / 封面设计：刘新新

科 学 出 版 社 出版
北京东黄城根北街 16 号
邮政编码：100717
http://www.sciencep.com

北京科印技术咨询服务公司 印刷

科学出版社发行 各地新华书店经销

*

2017 年 1 月第 一 版 开本：B5 (720×1000)
2017 年 3 月第二次印刷 印张：7 1/2
字数：151 000

定价：65.00 元

(如有印装质量问题，我社负责调换)

前　言

自从 1956 年，Routine 和 Nickel 首次成功运用植物细胞培养技术生产目的次生代谢产物以来，研究过的药用植物有 400 多种，分离到的次生代谢物有 600 多种。但是在应用植物细胞培养技术生产药用次生代谢物的研究中，次生代谢产物的低产现象是制约植物细胞培养天然产物技术产业化应用的核心问题之一。研究发现，诱导子可以迅速、专一和选择性地诱导植物多种次生代谢物的合成，这方面研究已成为国内外的研究热点，并取得了较多成果。但是，诱导子的诱导效果与诱导子种类、浓度和添加时间等相关，诱导子作用的机制还未完全揭示。因此，理解和掌握诱导子调控植物细胞次生代谢积累的规律是解决这一问题的基础。针对上述问题，我们认为有必要详细介绍如何建立植物细胞培养体系生产次生代谢物，如何筛选有利于次生代谢物积累的诱导子种类、浓度和添加时间，探索诱导子促进次生代谢物积累的过程，供相关科研人员或感兴趣的读者参考使用。

白桦（*Betula platyphylla* Suk.）是桦木科（Betulaceae）桦木属（*Betula* Linn.）的一种落叶乔木，白桦树皮的主要活性成分之一为三萜类物质，该物质具有抗菌、抗病毒、抗肿瘤、降脂、利胆和保肝等作用，特别是白桦脂醇、白桦脂酸等三萜类物质作为天然药物在抗肿瘤和抗人类免疫缺陷病毒（human immunodeficiency virus，HIV）等活性上显示出了与以往药物不同的作用机制，靶向作用性更强，几乎无不良反应等。因此，我们课题组对利用植物细胞培养技术生产白桦三萜进行了十多年的研究。本书主要从以下五个方面介绍我们的部分研究内容，即产三萜白桦悬浮细胞培养体系的建立；有效提高白桦三萜积累的真菌诱导子的筛选和诱导体系的建立；真菌诱导子促进白桦三萜积累的营养生理研究；真菌诱导子促进白桦三萜积累的信号对话研究；真菌诱导子促进白桦三萜积累的分子机制研究。本书试图通过白桦三萜，详述真菌诱导子促进白桦三萜积累的过程，使初学者了解该过程的设计思路、实验方法和预见的问题等。

诚挚地感谢合作导师詹亚光教授的学术指导和经费支持；衷心地感谢翟俏丽、王晓东、刘英甜、马明媚、孙美玲、孙菲菲和黄雅婷等硕士研究生的辛苦付出；感谢本书参考资料的作者；非常感谢国家自然科学基金项目（31100445 和 31070531）、中国博士后科学基金项目（20080440136）和中央高效基本科研业务专项资金项目（DL09BA05 和 DL12CA05）的支持。

本书由范桂枝执笔，詹亚光教授主审。由于作者水平有限，书中不足之处敬请读者批评指正。

范桂枝
2016 年 7 月

目　录

1 白桦三萜的研究进展

白桦（*Betula platyphylla* Suk.）是桦木科（Betulaceae）桦木属（*Betula* Linn.）的一种落叶乔木。北温带广布种植，主要分布于日本、朝鲜、俄罗斯和中国。在我国广泛分布于东北的大小兴安岭和长白山，华北的燕山、太行山，西北的秦岭、天山、阿尔泰山，西南的横断山脉、青藏高原[1]。白桦属强阳性树种，喜光，耐寒，耐水湿，生长迅速。它分布范围广，具有耐瘠寒、生长快、材质优良等特点，所以它是重要的工业用材树种。大径级白桦是单板、胶合板生产加工原料的首选材料，是制作航空胶合板面板不可替代的树种；同时又可做工艺材、家具材、纸浆材等，在餐饮业和医药业中也广为利用[2]。

对白桦的化学成分分析表明，白桦树叶中含有多种类黄酮，如杨梅酮-3-*O*-α-L-（乙酰基）-吡喃鼠李糖苷、槲皮素-3-*O*-α-L-（4″-3-*O*-乙酰基）-吡喃鼠李糖苷等；此外还含有丰富的酚类物质，如 1-*O*-倍酰-β-D-（2-*O*-乙酰基）-吡喃葡萄糖、1-（4″-羟基苯）-3′-丙烷基-β-D-吡喃葡萄糖、没食子酚、绿源酚、新绿源酚等。白桦树皮中含有丰富的三萜类物质和软木脂，二者之和占干外皮的 60%以上，此外还含有多酚、黄酮类、三萜皂苷和酚酸类等物质。从树皮中分离出的物质有 9-羟基壬酸、阿魏酸、十六烷酸、9,12-二烯十八烷酸、9-烯十八烷酸、1,16-十六烷二酸、16-羟基十六烷酸、羽扇烯酮、白桦脂酸（betulinic acid）和白桦脂醇（betulin）等[3-6]。由此可见，白桦中富含三萜类物质，主要包括白桦脂醇、白桦脂酸和羽扇醇（lupeol）等。其中，白桦脂醇具有与白桦脂酸相同的五环三萜骨架，是合成白桦脂酸的前体化合物。

三萜是由 30 个碳原子组成的萜类化合物，分子中有 6 个异戊二烯单位，通式 $(C_5H_8)_6$ 。三萜类化合物（triterpenoid）在自然界分布广泛，有的游离存在于植物体中，称为三萜皂苷元（triterpenoid sapogenin）；有的以与糖结合成苷的形式存在，称为三萜皂苷（triterpenoid saponin）[7]。近年来，研究者关于白桦三萜类化合物的结构、制备和生物活性等方面的研究已积累了丰富的经验，现对该类化合物制备、生物活性、生物合成途径及其代谢调控等方面进行综述。

1.1 白桦三萜的制备

白桦脂醇是具有羽扇豆烷型结构的五环三萜类化合物，白色结晶，在桦树皮中含量最高，为 132.45~257.11mg/g[8]，以白桦脂醇为原料可以通过两步方法直接合成白桦脂酸及其多种衍生物[4]。其分子式为$C_{30}H_{50}O_2$，结构式见图1-1。

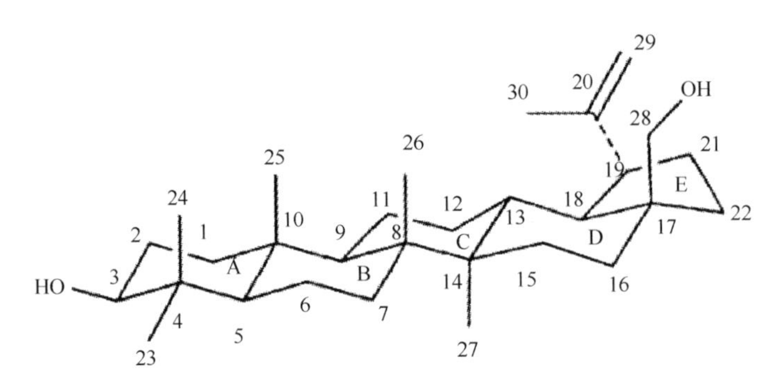

图1-1 白桦脂醇的结构式[9]

作为一种天然产物，白桦脂醇的提取分离面临许多困难，如类似物很多及实际应用的纯度要求高等。基于上述因素，开发新型的分离纯化工艺，以及寻找高效、经济的分离纯化技术，越来越成为研究者关注的焦点。目前，白桦脂醇的分离提取方法主要有5种，即水蒸气蒸馏法、溶剂提取法、液相分配萃取分离法、临界流体萃取法、超声波醇提法同时结合色谱纯化法等[10-13]。另外，Yin等利用高压脉冲电场提取的白桦脂醇产量较常规方法提取量增加了20%[14]。可见，提取方法的选择对于白桦脂醇的最终产量极为重要。

张泽和孙宏及Shrishailappa等应用高效液相色谱法测定了白桦树皮中白桦脂醇的含量，其线性范围为15.0~300.0μg/ml，平均回收率为93.93%，精密度高，稳定性好[13, 15]。另外，Zhao等应用反相色谱（RP-HPLC）同时检测到白桦脂醇和白桦脂酸[16]，与方玉栋等和杨晓静等报道的气相色谱法相比具有优越性，气相色谱法需要对样品衍生化后才能分析，使体系复杂，增加了定性定量的难度，且保留时间较长[17, 18]。另外，比色法和薄层扫描也可以测定白桦脂醇含量，但薄层扫描法操作烦琐、费时，受仪器及显色剂的限制。

1.2 白桦三萜的生物活性

研究发现白桦脂醇、白桦脂酸具有分子质量小、药理活性强、作用机制特异、无不良反应等特点[19, 20]，其主要生物活性如下。

1.2.1 抗肿瘤活性

叶银英等的研究结果发现，白桦脂酸及其衍生物23-羟基白桦脂酸对黑色素瘤和其他7种恶性肿瘤细胞的生长有明显的抑制作用，并呈现出一定的剂量依赖关系，细胞生长周期被阻滞，最终导致了大量细胞凋亡[21]。白桦脂酸对黑色素瘤

（Mel-1、Mel-2 和 Mel-4）具有专一的细胞毒性，对神经外胚层肿瘤也具有特异性活性。但最近研究发现白桦脂醇及其衍生物对食管癌、前列腺癌、多种神经瘤细胞和肉瘤细胞等具有很强的抑制作用[22-25]。

研究者对白桦脂醇及其衍生物的抗肿瘤机制研究认为，白桦脂醇及其衍生物对肿瘤细胞具有直接杀伤作用，诱导其凋亡，抑制肿瘤血管生成，调节与肿瘤相关因子的表达，改变线粒体的特征，影响细胞周期，诱导分化肿瘤细胞，改变肿瘤膜上的钙泵，降低一些细胞生长所需酶的活性等来发挥其抑制肿瘤的作用[26]。

1.2.2 抗 HIV 活性

1994 年，Fujioka 等首先提出白桦脂酸可抑制 H9 淋巴细胞中 HIV 的复制，并且 C3、C17、C19 等位取代的衍生物也有同样的作用，有的甚至更强[17]，白桦脂酸抑制 H9 淋巴细胞中 HIV 复制的半数有效剂量（ED_{50}）值为 1.4μmol/L；抑制未被感染的 H9 细胞生长的半数抑制浓度（IC_{50}）值为 13μmol/L，是 HIV 与细胞膜的融合抑制剂[27]。随着研究的深入，发现白桦脂醇及其衍生物能够在体外抑制 HIV 的复制，并且发现 C3 上的羟基基团和氢化白桦脂酸均能增强抗 HIV 活性。此外，研究还发现白桦脂醇及其衍生物可以作为 HIV 的成熟抑制剂[28]。

1.2.3 抗炎性质

大多数五环三萜类化合物均具有抗炎性质，其中包括白桦脂酸和白桦脂醇，这两个化合物已在大量的体外和体内模型体系中得到验证。早在 1959 年，白桦脂酸被发现有抗炎的作用，同时发现白桦脂酸和白桦脂醇都是在较高浓度下具有温和的抗炎性，而且它们的抗炎性归因于对非神经基因路径的抑制。有研究表明白桦脂酸的活性是与糖皮质激素受体相互作用的结果，同时在内源性抗炎蛋白的合成中也具有重要作用。近年来的相关报道指出白桦脂酸及其衍生物有抗革兰氏阳性菌（G^+菌）的活性，如葡萄球菌属（*Staphylococcus*）、芽胞杆菌属（*Bacillus*），而对革兰氏阴性菌（G^-菌），如大肠杆菌属（*Escherichia*）未发现有抑制作用。此外，白桦脂酸及其衍生物和白桦脂醇还有镇咳祛痰、清热利湿、消肿解毒、镇痛、驱虫、抗溃疡、提高机体免疫力、降血脂等作用[29]。

1.2.4 毒性研究

对大鼠进行剂量分别为 200mg/kg 和 400mg/kg 的白桦脂醇、白桦脂酸及其一些衍生物的腹膜内注射的研究结果表明，无明显的毒性。同时，Pisha 等报道了对鼠进行每 4d 一次的白桦脂酸腹膜内注射，每次 500mg/kg，共 6 次，结果也无毒性。类似的每 3d 一次，每次 250mg/kg，共 6 次，也无毒性[22]。由此可知，白桦脂醇、白桦脂酸具有极小范围的细胞毒性，如果有，也是在相对高剂量下。

1.3 白桦三萜的生物合成途径及其关键酶

1.3.1 生物合成途径

植物萜类化合物的合成有甲羟戊酸途径（mevalonate pathway，MVA）和脱氧木酮糖-5-磷酸途径（1-deoxy-D-xylulose-5-phosphate pathway，DXP）两条合成途径[30]（图 1-2）。虽然两条途径同时存在，但处于不同部位，为不同的萜类化合物提供异戊烯焦磷酸（isopentenyl diphosphate，IPP）。其中，MVA 途径存在于细胞质中，仅为倍半萜和三萜的生物合成提供 IPP，而 DXP 途径存在于质体中，为单萜、双萜和四倍萜的生物合成提供 IPP[31]。由于白桦脂醇属于三萜物质，因此本研究主要针对 MVA 途径中合成白桦脂醇的关键酶进行研究。

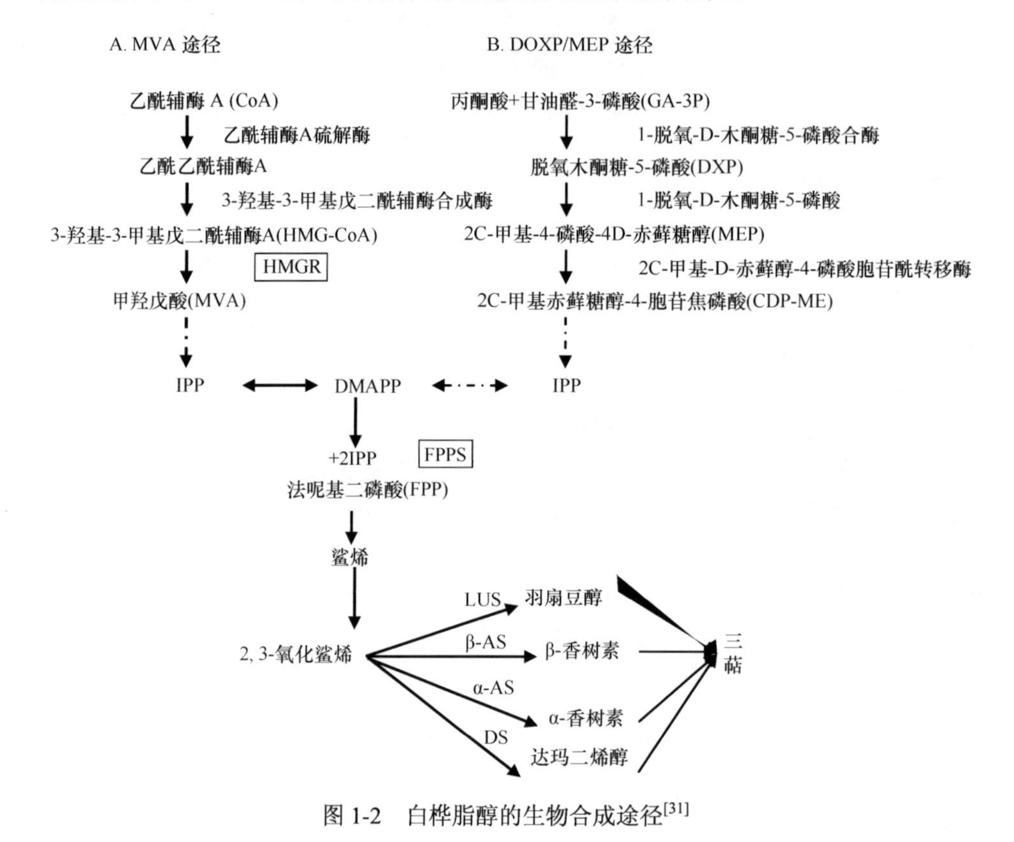

图 1-2 白桦脂醇的生物合成途径[31]

1.3.2 关键酶

根据萜类物质生物合成的不同阶段，可将参与萜类合成有关的酶分成前期、中期和后期。生成异戊烯焦磷酸（isopentenyl diphosphate，IPP）和二甲基烯丙基焦磷酸（dimethylallyl diphosphate，DMAPP）以前的酶属于前期酶，其中 3-羟基-3-甲基戊二酰 CoA 还原酶（3-hydroxy-3-methylglutaryl-CoA reductase，HMGR）是 MVA 生物合成的关键酶（图 1-2）；中期酶有烯丙基转移酶和萜类环化酶，它们是在生成 IPP 和 DMAPP 之后，催化形成分子质量大小不同和环式各异的萜类化合物中间体，它们是萜类生物合成的关键酶，如在三萜类化合物中为法呢基二磷酸合酶（FPP synthase，FPPS）和 2,3-氧化鲨烯环化酶（2,3-oxidosqualene cyclase，OSC）（图 1-2）。目前，*HMGR*、*FPS* 和 *OSC* 基因已从白桦等不同的植物中被克隆出来，并发现其具有较高的保守序列[32]。

1.4 白桦三萜的代谢调控

植物次生代谢不像初生代谢那样相对稳定，它受到多种因素的影响。白桦脂醇的合成也不例外。决定细胞中白桦脂醇产量高低的因素分为两个层次：一为内在因素，主要指细胞的基因型；二为环境因素。其中虽然起决定作用的为细胞的基因型，但有关萜类物质生物合成途径、合成部位等知识的应用为外界调控萜类物质生物合成提供了可能。目前，萜类物质的合成调控可以通过筛选高产基因型、前体饲喂、设定营养条件、不同诱发因子的启动等因素来实现[33]。例如，在一个继代周期中，培养基中添加 10~50g/L 蔗糖、葡萄糖和果糖后，白桦愈伤组织中的三萜含量存在显著差异[34]。

另外，萜类化合物代谢调控还可从代谢工程调控方面进行，其采用的策略主要有：①增加萜类代谢途径中限速酶编码基因的拷贝数或灭活代谢途径中具有反馈抑制作用的编码基因；②在不影响细胞基本生理状态的前提下，阻断或抑制与目的途径相竞争的代谢流；③利用已有的途径构建新的代谢旁路，合成新的萜类化合物[35, 36]。

但目前关于白桦脂醇的代谢工程调控研究还未报道。

尽管白桦脂醇类化合物代谢生物学方面的研究得到了越来越广泛的关注，但现有的研究还不能完全揭示白桦脂醇类化合物生理活性的作用机制及其在细胞内的作用位置，各种因子对白桦脂醇类化合物代谢关键酶的转录、表达及活性的影响研究尚待进行。调控白桦脂醇类化合物的信号分子及其调控途径、各转录因子及蛋白质的调控机制也未明确，关于调控白桦脂醇类化合物合成的功能基因组学或蛋白质组学等领域还有待研究。这些问题的解决，能够有助于运用基因工程学开展白桦脂醇类化合物代谢的生态调控，为白桦脂醇类化合物的产业化生产提供新的途径。同时，随着细胞及分子生物学检测技术手段的不断发展，将会有越来越多白桦脂醇的新的作用被认识。

1.5 白桦三萜的细胞工程研究进展

细胞工程为白桦无性繁殖提供了一种快速而高效的方法，具有培养周期短、培养条件易于调整优化、受外界环境影响小、细胞均一性好等优点，同时可以通过多种诱导途径提高细胞中次生代谢产物的含量。白桦细胞工程体系的建立为研究次生代谢产物的合成提供了很好的实验条件。目前对白桦的愈伤组织和器官培养、原生质体培养等方面的研究已取得了很大的进展。

1.5.1 愈伤组织和器官培养

国外桦树的组织培养研究是从20世纪50年代开始的，其中，芬兰和日本的研究较多。芬兰的Huhtinen等首次通过茎段培养获得了桦树的再生植株[37]。随后，以花药[38]、茎段[39, 40]、腋芽[41]、顶芽[42]、叶柄[43]、根[44]、休眠芽[45]等为外植体获得桦树再生植株。这些研究中使用的培养基有WPM、MS、IS、NT、N7、NT_4和BTM（broad-leaved tree medium）等，添加的生长激素有吲哚乙酸（IAA）、乙哚丁酸（IBA）和2,4二氯苯氧乙酸（2,4-D），细胞分裂素有6-苄基腺嘌呤（6-BA）和激动素（KT），而适合不同外植体培养的培养基，以及激素的种类是不同的。例如，Huhtinen是在附加2.32μmol/L KT和142.70μmol/L IAA的MS培养基上通过白桦的茎段培养得到愈伤组织并再生植株的，而Ide发现WPM培养基能支持日本白桦茎尖的伸长，MS培养基上的茎尖则变褐死亡，还发现单独使用6-BA（1.6mg/L）对嫩枝生长有效，而2,4-D不利于其生长。还有研究报道在附加0.88~4.44μmol/L BA和0.1μmol/L IBA的改良的MS、WPM和BTM培养基上都实现了白桦芽的快繁。

国内白桦组织培养和繁育机制的研究在“九五”期间也取得了突破性的进展，已经成功建立了多途径的再生体系，其中有休眠芽、种子、茎节等，上述外植体再生途径与国外学者的报道相似[46]。另外，国内学者还建立了新的外植体途径，如从下胚轴[47]、叶盘[48]、叶片[49]等外植体诱导植株的再生，其中下胚轴再生采用IW（包括WP的盐成分和维生素B_5）培养基，叶盘再生系统中芽的诱导采用MSB5（含有MS的无机盐和维生素B_5）培养基，叶片直接出芽采用IS培养基，激素多采用6-BA（0.1~1mg/L），叶盘再生还添加了0.2mg/L萘乙酸（NAA），叶片直接出芽使用了高达10.0~15.0mg/L 6-BA和0.5mg/L KT，愈伤组织诱导和分化多采用IS培养基，分化时使用了较低浓度的6-BA（0.4~0.5mg/L），诱导时6-BA浓度较高（2~5mg/L），并添加了 KT（茎段和叶柄诱导）或 NAA（叶片诱导），这些再生系统的愈伤组织诱导和器官分化率都很高。

综合国内外的研究发现，白桦已经建立了多途径的再生系统，不同的外植体再生最适的培养基和激素有所不同，如在 NAA 的使用上国内报道较多，而国外使用的报道较少，但是培养基种类和其他激素种类相似。

在愈伤组织培养产白桦三萜方面，作者前期的研究发现最适三萜物质生产的白桦愈伤组织固体培养体系为：IS 为基本培养基，附加 0.8mg/L 6-BA +0.6mg/L NAA，蔗糖浓度为 30g/L，光处理条件为强光照，蓝色光质。比较 MS、NT、IS、WPM、B_5 5 种基本培养基，发现 WPM 培养基最有利于白桦愈伤组织鲜重的积累，收获时鲜重达到 6.6g FW/瓶；而 IS 培养基有利于白桦愈伤组织中三萜物质的积累，最高含量为 2.3670mg/g DW。在所有激素组合中 6-BA 与噻苯隆（TDZ）组合有利于愈伤组织鲜重的增长，而 0.8mg/L 6-BA +0.6mg/L NAA 培养的愈伤组织中三萜物质含量最高，达到 3.5319mg/g DW。不同碳源条件下，蔗糖浓度为 30g/L 的白桦愈伤组织中三萜物质积累量最高，达到 4.040mg/g DW。不同光处理条件下，蓝光对白桦愈伤组织中三萜物质含量的积累最为有利，最高达到 8.413mg/g DW[50]。

1.5.2 体细胞胚胎发生途径

近年来，桦树的体细胞胚胎（体胚）发生途径的研究也取得了很大的进展，主要通过悬浮培养的桦树体胚发生体系。例如，欧洲白桦的种胚和成熟的叶片，在 N7 培养基上继代培养 3 代后，转到含有 2,4-D 和 KT 的 N7 固体和液体培养基后形成了体胚，体胚生长良好并萌发成苗，白桦体胚发生需要的最佳总无机氮含量为 35mmol/L，蔗糖浓度为 20.8g/L[51]。Nuutila 等[52]在含有 2,4-D（0.45μmol/L）、KT（0.09μmol/L）、水解酪蛋白（0.05g/L）的 N7 液体培养基上对垂枝桦（*Betula pendula* Roth.）细胞进行悬浮培养，发现在同样的培养基中胚性细胞和非胚性细胞的生长不同，对碳源的利用也有所差异。此外有研究发现桦树的家系对体胚发生的影响比外植体类型要大[53]，但是目前没有利用白桦体胚生产白桦三萜的报道。

1.5.3 原生质体培养

原生质体在诱导条件下能发生融合，在离体培养条件下可以再生植株，并且原生质体除去细胞壁后，容易摄取外源 DNA，因此可作为植物生理学、分子遗传学、育种学等良好的实验体系。原生质体分离和培养的成功涉及多种影响因素，桦树原生质体直到 1982 年才分离得到亚洲白桦（*B. platyphylla* var. *szechuanica*）叶肉原生质体[54]。随着技术的逐渐发展和成熟，Ide 和 Yamamoto[45]、Wakita 等[55]不仅分离得到了日本白桦的叶肉原生质体，并且在无细胞分裂素的 MS（1/2 MS）

培养基上生根，再生植株。同样的研究发现，4-PU，一种细胞分裂素，有利于白桦从叶肉原生质体途径再生植株；在硝酸铵存在的条件下添加高水平的细胞分裂素 BAP 有利于白桦原生质体的细胞分裂[56]；Sasamoto 等[57]发现植物内源激素的水平对于培养基中外源生长调节剂的添加量很重要。

原生质体融合能创造新物种，并能通过无性繁殖途径将性状优良的个体保存下来。有些学者对白桦原生质体的融合进行了研究，如 Wakita 等[58]应用电融合的方法在含 NAA、IBA、调吡脲（CPPU）和 BA 的培养基上，得到了 2 个白杨和白桦电融合后的嫩枝和 12 株白杨和桤木电融合后的再生植株。但是目前没有利用白桦原生质体生产白桦三萜的报道。

1.5.4 悬浮培养

植物细胞悬浮培养是指将植物细胞或小的细胞团悬浮于液体培养基中，并保持细胞良好分散状态下进行培养的技术，在液体状态下便于细胞和营养物质的充分接触和交换，细胞状态可以相对保持一致，可直接用于原生质体分离、培养与杂交、基因转移和生产次生代谢物等，还可在短期内在细胞水平筛选出预期突变体，同时为植物细胞的大规模培养提供前期技术基础，有重要的研究价值和广阔的研究前景。

早在 1988 年，加拿大的 Tremblay 对纸桦（*Betula papyrifera* Marsh.）进行了愈伤组织的悬浮培养[59]。Wakita 等在附加 1μmol/L NAA 的 MS 培养基上用 *B. platyphylla* var. *japonica* 的种子进行悬浮细胞培养[60]，悬浮培养物在固体培养基上再分化长出芽和根并发育成再生植株。国内对白桦悬浮培养的研究较少，目前仅有王博筛选出了适合白桦悬浮细胞培养的条件，即添加 6-BA（0.4mg/L）和 TDZ（0.2mg/L）的 B_5 培养基，10~20g/L 的接种量，光照培养；并且发现 B_5 培养基有利于细胞鲜重的积累，NT 培养基有利于细胞中三萜物质的积累[50]。

白桦的细胞工程技术正在逐步完善，已经建立了多途径的再生体系，组织培养在白桦育种、次生代谢、基因工程等方面也有了越来越广泛的应用，但白桦的细胞工程研究仍面临着不少问题：①虽然已经建立了较为成熟的组培体系，但悬浮培养细胞系的建立、减少褐变、悬浮细胞的稳定性及提高细胞产量的方法还有待进一步研究；②白桦体胚发生和原生质体的培养及融合的研究还处于初始阶段，有关体胚发生的机制还不清楚，需要完善培养条件和培养技术，加大培养规模；③白桦愈伤组织中次生代谢产物的含量仍然较低，如何有效提高次生代谢产物的产量是目前很有价值的研究方向；④白桦基因工程中对有价值的目的基因，如次生代谢物合成的关键基因、抗性相关基因和材质基因等的研究较少，外源基因表达稳定性的相关机制也有待进一步研究。

关于细胞工程这一领域的研究，作者认为有以下几点可以考虑：①白桦单细胞的培养、单细胞体系的建立对于组织培养体系的优化及单细胞转基因水平的研究都有重要的价值；②诱导子对于白桦三萜的积累有促进作用，其共培养条件和作用机制有待深入研究；③目前转基因研究中涉及的外源基因并不多，应加快有应用价值的新基因的分离和鉴定，并尽可能提高目的基因的表达强度和表达效率。

参考文献

[1] 关文彬. 中国东北地区白桦林植被生态学的研究——桦属植物与中国白桦林的地理分布. 北京林业大学学报, 1998, 20(4): 104-109

[2] 张学科, 杨逢建, 于景华, 等. 中国白桦资源的工业利用与生态经营. 植物研究, 2002, 22(2): 252-256

[3] 郝文辉, 孙志忠, 王洋, 等. 白桦树皮挥发油成分的研究. 中国现代应用药学, 1997, 14(5): 18-27

[4] 崔艳霞, 郑志方. 白桦树皮化学组成的研究. 东北林业大学学报, 1994, 22(4): 53-60

[5] Ossipov V, Nurmi K, Loponen J, et al. HPLC isolation and identification of flavonoids from white birch *Betula pubescens* leaves. Biochemical Systematics and Ecology, 1995, 23(3): 213-222

[6] Ossipova V, Nurmia K, Loponen J, et al. High-performance liquid chromatographic separation and identification of phenolic compounds from leaves of *Betula pubescens* and *Betula pendula*. Journal of Chromatography, 1996, 721(1): 59-68

[7] 许晓双, 张福生, 秦雪梅. 三萜皂苷生物合成途径及关键酶的研究进展. 世界科学技术: 中医药现代化, 2014, 11: 2440-2448

[8] 范桂枝, 詹亚光, 王博, 等. 白桦不同部位及种源间白桦脂醇含量的变异分析. 林产化学与工业, 2007, 4: 104-106

[9] Wen Z M, Martin D E, Bullock P, et al. Glucuronidation of anti-HIV drug candidate bevirimat: identification of human UDP-glucuronosyltransferases and species differences. Drug Metabolism Disposition, 2007, 35: 440-448

[10] 曹丹. 白桦脂醇的纯化及其衍生物的研究. 杭州: 浙江大学硕士学位论文, 2007

[11] 韩世岩, 方桂珍, 李珊珊, 等. 四氢呋喃-苯混合溶剂法分离纯化桦木醇. 林产化学与工业, 2005, 25(增刊): 129-132

[12] 丁为民, 王洋, 阎秀峰, 等. 均匀设计法优化桦木醇的超临界二氧化碳萃取工艺. 林产化学与工业, 2007: 63-66

[13] 张泽, 孙宏. 高效液相色谱法测定白桦树皮中白桦脂醇的含量. 林产化学与工业, 2004, 24(1): 61-63

[14] Yin Y G, Cui Y R, Ding H W. Optimization of betulin extraction process from *Inonotus obliquus* with pulsed electric fields. Innovative Food Science and Emerging Technologies, 2008, 9(3): 306-310

[15] Shrishailappa B, Gupta M K, Saravanan R, et al. Determination of betulin in *Grewia tiliaefolia* by HPLC. Journal of Separation Science, 2004, 27(1/2): 129-131

[16] Zhao G L, Yan W D, Cao D. Simultaneous determination of betulin and betulinic acid in white birch bark using RP-HPLC. Journal Pharmacology Bio-Medical Analysis, 2007, 43: 959-962

[17] 方玉栋, 刘璐琪, 李和. 油茶种子油不皂化物中的五环三萜醇与四环三萜醇的研究. 中国粮油学报, 1999, 14(3): 18-26

[18] 杨晓静, 王立众, 李和. 紫苏子油不皂化物的分离与分析. 中国油料作物学报, 2006, 28(2):

207-209
[19] 范桂枝, 詹亚光. 白桦脂醇的研究进展. 中草药, 2008, 39(10): 1591-1594
[20] Suresh C, Zhao H, Gumbs A, et al. Newo ionic derivatives of betulinic acid as highly potent anti-cancer agents. Bioorganic & Medicinal Chemistry Letters, 2012, 22(4): 1734-1738
[21] 叶银英, 何道伟, 叶文才, 等. 23-羟基桦木酸体外和体内抗黑色素瘤作用的研究. 中国肿瘤临床与康复, 2000, 7(1): 5
[22] Chintharlapalli S, Papineni S, Ramaiah S K, et al. Betulinic acid inhibits prostate cancer growth through inhibition of specificity protein transcription factors. Cancer Research, 2007, 67: 2816-2823
[23] Alakurtti S, Taru M K, Salme K, et al. Pharmacological properties of the ubiquitous natural product betulin. European Journal of Pharmaceutical Sciences, 2006, 29: 1-13
[24] 蔡唯佳, 祁逸梅, 牛永东, 等. 白桦脂醇对食管癌细胞 EC109 的抑制作用. 癌变·畸变·突变, 2006, 18(1): 16-18
[25] 李岩, 雄杰, 谢湘林, 等. 白桦三萜类物质抗黑色素瘤 B16、S180 肉瘤作用及其机制的实验研究. 中国药理学通报, 2000, 16(3): 279-281
[26] 张晶, 张秀娟, 凌莉莉. 桦木酸和 2, 3-羟基桦木酸抗肿瘤作用机制的研究进展. 亚太传统医药, 2008, 4(1): 62-64
[27] Fujioka T, Kashiwada Y, Kilkuskie R E, et al. Anti-AIDs agents11 betulinic acid and platanic acids as anti HIV principles from *Syzigium claviflorum* and the anti-HIV activity of structurally related triterpenoids. Journal of Natural Products, 1994, 57(2): 243-247
[28] 张秀娟, 凌莉莉, 季宇彬, 等. 桦木酸生物活性研究进展. 天然产物研究与开发, 2006, 18: 508-513
[29] 王建华, 黄文哲, 张增辉, 等. 桦树皮镇咳祛痰有效成分的研究. 中国药学杂志, 1994, 29(5): 268
[30] 罗永明, 刘爱华, 李琴, 等. 植物萜类化合物的生物合成途径及其关键酶的研究进展. 江西中医学院学报, 2003, 15(1): 45-49
[31] 陈莉. 三萜皂苷生物合成途径及相关酶. 国外医药·植物药分册, 2004, 19(4): 156-161
[32] Zhang H, Shibuya M, Yokota S, et al. Oxidosqualene cyclases from cell suspension cultures of *Betula platyphylla* var. *japonica*: molecular evolution of oxidosqualene cyclases in higher plants. Biol Pharm Bull, 2003, 26(5): 642-650
[33] 王莉, 史玲玲, 张艳霞, 等. 植物次生代谢物途径及其研究进展. 武汉植物学研究, 2007, 25(5): 500-508
[34] 王博, 范桂枝, 詹亚光, 等. 不同碳源对白桦愈伤组织生长和三萜积累的影响. 植物生理学通讯, 2008, 44(1): 97-99
[35] 陈晓亚. 植物次生代谢研究. 世界科技研究与发展, 2006, 5: 1-4
[36] 阎秀峰, 王洋, 李一蒙. 植物次生代谢及其与环境的关系. 生态学报, 2007, 27(6): 2554-2562
[37] Huhtinen O, Yahyaoglu Z. Das frühe Blühen von aus Kalluskulturen herangezogenen Pflänzchen bei der Birke (*Betula pendula* Roth.). Silvae Genetica, 1974, 23: 32-34
[38] Huhtinen O. Callus and plantlet regeneration from anther culture of *Betula pendula* Roth. *In*: Thorpe T A(ed). Plant Tissue and Cell Culture. Univ of Calgary, Calgary, Alta, Canada, 1978: 169
[39] McCown B, Amos R. Initial trials with commercial micropropagation of birch selections (*Betula platyphylla azechuanica*). Combined Proceedings-International Plant Propagators' Society (USA), 1979, 29: 387-393
[40] Fu L M, Hogetsu T, Ide Y, et al. Effects of α-aminooxy-β-phenylpropionic acid and

α-aminooxyacetic acid on differentiation of adventitious buds in the callus derived from stem segments of *Betula platyphylla* Sukatchev var. *japonica* Hara. J Jpn For Soc, 1993, 75: 331-337

[41] Shim K K, Lee S J, Ha Y M, et al. Mass propagation of *Betula pendula* 'purpurea' through axillary bud culture. J Korean Soc Hortic Sci, 1997, 38(6): 776-782

[42] Ryynanen L, Ryynanen M. Propagation of adult curly-birth succeeds with tissue culture. Silva Fennica, 1986, 20(2): 139-147

[43] Sato T, Ide Y, Saito A. Tissue culture technology in the rapid clonal propagation of Japanese White Birch. J Jpn For Soc, 1986, 68(8): 343-346

[44] Vaario L M, Otomo Y, Soda R, et al. Plant regeneration from root tissue and establishment of root culture of Japanese White Birch (*Betula platyphylla* var. *japonica*). Plant Tiss Cult Lett, 1995, 12(3): 251-258

[45] Ide Y, Yamamoto S. *In vitro* plantlet regeneration of mature monarch birch (*Betula maximowicziana*) by winter bud culture. J Jpn For Soc, 1990, 72(2): 147-150

[46] 詹亚光. 白桦的组织培养和遗传转化研究. 哈尔滨: 东北林业大学博士学位论文, 2001

[47] 祖元刚. 白桦下胚轴再生系统的建立. 植物研究, 2001, 21(4): 615-619

[48] 石福臣. 以叶盘为外植体的白桦的再生. 植物研究, 2001, 21(4): 611-614

[49] 郝爱平. 白桦愈伤组织再生系统的体细胞无性系变异研究. 哈尔滨: 东北林业大学硕士学位论文, 2005

[50] 王博. 促进白桦(*Betula platyphylla* Suk.)培养物中三萜物质积累的初步研究. 哈尔滨: 东北林业大学硕士学位论文, 2008

[51] 尹静, 詹亚光, 肖佳雷. 白桦三萜的合成和调控. 植物生理学通讯, 2009, 45(5): 520-526

[52] Nuutila A M, Kurten U, Kauppinen V. Optimization of sucrose and inorganic nitrogen concentrations for somatic embryogenesis of birch (*Betula pendula* Roth.) callus cultures: a statistical approach. Plant Cell Tiss Org Cult, 1991, 24: 73-77

[53] Nuutila A M, Kauppinen V. Nutrient uptake and growth of an embryogenic and a non-embryogenic cell line of birch (*Betula pendula* Roth.) in suspension culture. Plant Cell Tiss Org Cult, 1992, 30: 7-13

[54] Kurten U, Nuutila A M, Kauppinen V, et al. Somatic embryogenesis in cell cultures of birch (*Betula pendula* Roth.). Plant Cell Tiss Org Cult, 1990, 23: 101-105

[55] Wakita Y, Sasamoto H, Yokota S, et al. Plantlet regeneration from mesophyll protoplasts of *Betula platyphylla* var. *japonica*. Plant Cell Rep, 1996, 16: 50-53

[56] Wakita Y, Sasamoto H, Yoshizawa N. Protoplast culture conditions for increasing cell division in *Betula platyphylla* var. *japonica*. Plant Tiss Cult Lett, 1996, 13(1): 35-41

[57] Sasamoto H, Ogita S, Wakita Y, et al. Endogenous levels of abscisic acid and gibberellins in leaf protoplasts competent for plant regeneration in *Betula platyphylla* and *Populus alba*. Plant Growth Regul, 2002, 38: 195-201

[58] Wakita Y, Yokota S, Yoshizawa N, et al. Interfamilial cell fusion among leaf protoplasts of *Populus alba*, *Betula platyphylla* and *Alnus firma*: assessment of electric treatment and *in vitro* culture conditions. Plant Cell Tiss Org Cult, 2005, 83: 319-326

[59] Tremblay F M. Callus formation from protoplasts of *Betula papyrifera* Marsh. cell suspension culture. J Plant Physiol, 1988, 133: 247-251

[60] Wakita Y, Sasamoto H, Yokota S, et al. Plantlet regeneration from mesophyll protoplasts of *Betula platyphylla* var. *japonica*. Plant Cell Rep, 1996, 16: 50-53

2 真菌诱导子诱导次生代谢物积累机制的研究进展

2.1 真菌诱导子诱导次生代谢物合成的研究概况

真菌诱导子（fungal elicitor）是来源于真菌的一种特定化学信号，在植物与真菌的相互作用中，能快速、高度专一和选择性地诱导植物特定基因的表达，进而活化特定次生代谢途径，积累特定的目的次生产物。真菌诱导子，如真菌孢子、菌丝体、匀浆、真菌细胞壁成分、真菌培养物滤液和真菌蛋白等，在植物细胞培养中能诱导生物碱、酚类、萜类、皂苷、黄酮类化合物、香豆素、迷迭香酸等天然次生产物的生产[1, 2]。现已证明，内生真菌能够参与植物活性成分的合成，或者对植物次级代谢产物进行转化[3]。

首次报道真菌诱导子是在 1968 年，Cruickshand 等发现从梗孢菌菌丝体提取物中的一种多肽能诱导菜豆内果皮的形成和菜豆素累积，其后对真菌诱导子进行了广泛的研究[4]。例如，我国学者戴均贵等向银杏悬浮培养细胞中加入畸雌腐霉、冠毛犁头霉、日本根霉、轮枝孢霉、小刺青霉、腐皮镰孢霉、米曲霉、桔青霉等 10 种真菌的菌丝提取液，结果 10 种诱导子对银杏内酯 B 的诱导效果均不同[5]。其中，当采用 5.0mg/L 日本根霉提取液作为诱导子时诱导效果最明显，此时银杏内酯 B 的产量最高。张长平等在指数生长期的末期加入真菌诱导子（尖孢镰刀菌的胞壁组分粗提物），紫杉醇的合成加强，产量得到了显著提高，达到了对照组的 5 倍左右，为提高植物细胞生产紫杉醇的产量提供了一种新奇而有效的方法[6]。

由此可见，利用真菌诱导子的诱导作用，调控药用植物活性成分的生物合成一直是研究的热点。不同诱导子的诱导能力，相同诱导子的作用时间、浓度是不同的，合理利用诱导子的诱导能力，控制诱导子的作用时间和浓度，让诱导子充分发挥其诱导作用，有利于促进药用植物次生代谢产物的生物合成，有望大幅度提高药用植物的有效成分[7]。

2.2 真菌诱导子诱导次生代谢物积累的机制

对真菌诱导子的研究虽取得了一些进展，但还存在一些不完善的地方，在诱导子作用机制及作用靶点方面，目前研究得还不透彻。植物细胞在受真菌诱导子作用后，发生的一系列生理生化事件可以按时间的顺序概括如下：①诱导子与质膜受体的结合；②膜两侧离子流的变化，如 Ca^{2+}从环境中流入细胞质，K^+ 和 Cl^- 流出；③蛋白磷酸化模式的迅速改变和蛋白质激酶被激活，如 MAPK 和 G 蛋白被激活；④第二信使 IP3 和 DAG 的合成；⑤细胞质酸化导致 H^+-ATP 酶被激活，同时降低膜的极性，细胞外 pH 上升；⑥细胞骨架重排；⑦活性氧类物质的产生，如超氧负离子和过氧化氢；⑧氨基酸的蛋白质与多糖交联，从而加固细胞壁的结构，也有可能具有信号转导的功能，参与防卫基因的转录；⑨积累与防御相关的蛋白；⑩超敏反应——植物细胞的局部死亡；⑪细胞壁机构的变化——木质化；⑫有关防卫基因的转录被激活；⑬产生植物防御分子，如钙离子（Ca^{2+}）、活性氧（ROS）、水杨酸（SA）、茉莉酸（JA）、茉莉酸甲酯（MJ）、一氧化氮（NO）等；⑭植物获得系统抗性或防御反应。但并不是所有的诱导反应都遵循这个顺序，也不是所有的诱导反应都必须包含以上反应。关于此过程的细节及它们之间的相互关系正在研究中，目前还没有定论[8]。诱导机制还需要深入或利用新的研究方法加以解决。

下面就诱导机制不明确的几个方面加以分析。

2.2.1 营养生理

随着内生真菌对植物影响研究的深入，发现真菌诱导植物后除了促进植物营养生长、光合作用增强、增加生物量（产量）并提高植物在逆境中的生存能力外[9, 10]，内生真菌还能通过活化硝酸还原酶、分泌铁载体和磷酸酶等形式促进植物养分吸收，从而更利于植物生长和代谢[11]。Rasmussen 等试验表明，内生真菌感染植物后不仅显著改变了寄主植物的初级和次级代谢物，而且改变了植物对有效养分的吸收和利用，特别是 C/N 发生了改变[12]。而氮素是植物生命活动中最重要的养分之一，占植物干物质的 1.5%~2%，植物总蛋白质的 16%[13]。在植物组织培养中，氮源对调节植物培养物的生长发育和次生代谢物的生物合成具有显著作用[14, 15]。研究表明，改变培养液中的氮总量，以及氨态氮和硝态氮的比例可显著改变培养物中的花青素、三萜皂苷等次生代谢物[16, 17]。同样，作者实验室的研究也发现，不同氮含量和 NO_3^-与 NH_4^+的比例不仅影响了白桦细胞的生长，同时也影响了白桦细胞中三萜的积累量，关于真菌诱导子是否通过改变培养体系中的营养养分或浓度来刺激代谢物生产至今报道很少。

2.2.2 信号分子

信号（signal）简单来说就是细胞外界刺激，又称为第一信使（first messenger）或初级信使（primary messenger），包括胞外环境信号和胞间信号（intercellular signal)。胞外环境信号是指机械刺激、磁场、辐射、温度、风、光、CO_2、O_2、土壤性质、重力、病原因子、水分、营养元素、伤害等影响植物生长发育的重要外界环境因子。胞间信号是指植物体自身合成的，能从产生之处运到别处，并作为其他细胞刺激信号的细胞间通讯分子，通常包括植物激素、气体信号分子 NO，以及多肽、糖类、细胞代谢物、甾体、细胞壁片段等。胞外信号的概念并不是绝对的，随着研究的深入，人们发现有些重要的胞外信号如光、电等也可以在生物体内组织、细胞之间或其内部起信号分子的作用。

植物细胞信号转导的研究内容主要包括：研究植物细胞感受、耦合各种胞内外刺激（初级信号），并将这些胞外信号转化为胞内信号（次级信号），通过细胞内信号系统调控细胞内的生理生化变化，包括细胞内部的基因表达变化、酶的活性和数量的变化等，最终引起植物细胞甚至植物体特定的生理反应的信号转导途径和分子机制。植物细胞的信号转导过程可以简单概括为刺激与感受—信号转导—反应三个重要的环节（图 2-1）[18]。

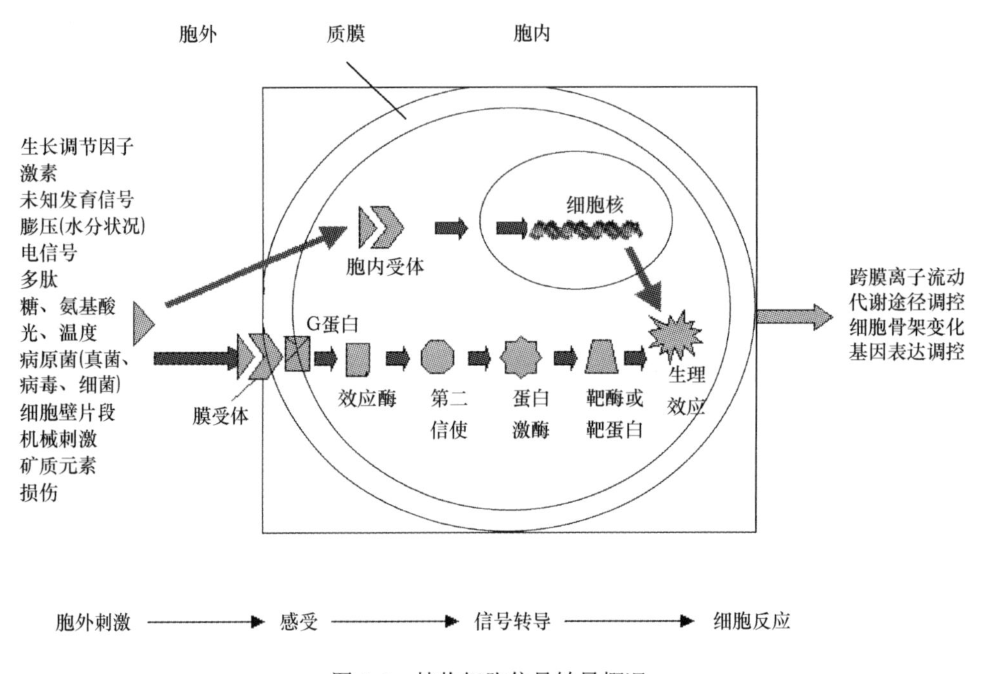

图 2-1　植物细胞信号转导概况

最近的研究结果表明，一氧化氮（NO）是介导植物细胞次生代谢产物合成的一种必需信号分子[19]。NO 可以分别作用于活性氧（ROS）、水杨酸（SA）、茉莉酸（JA）等信号分子的上游，并调控植物细胞中 SA 或 JA 等信号分子的生物合成，而 SA、JA 等信号途径既有促进作用又有拮抗作用。但是在不同植物细胞中 NO 对其下游的 ROS 等信号途径的调控作用不完全相同，表明植物次生代谢产物合成的信号调控机制可能存在种属特异性[20, 21]。另外，徐茂军等的研究表明，NO 和 H_2O_2 处理的金丝桃细胞中的黄酮含量比只用 NO 处理的有显著提高，但只用 H_2O_2 处理对黄酮含量没有影响。由此可见，植物中的信号分子之间有增效作用，但关于白桦三萜物质生物合成与哪些信号分子相关、介导哪条主要信号途径、信号分子如何互作调控白桦脂醇的积累方面的研究未见报道。

近年来，有关植物细胞次生代谢产物合成信号调控方面的研究取得了一定的进展，但是目前离完全了解植物次生代谢信号转导机制还有很大差距，存在的主要问题之一是对植物细胞中与次生代谢产物合成有关的信号分子、信号转导通道及信号分子间关系的了解不够。特别是 NO 信号分子仍有许多问题尚待解决。例如，①NO 是一种植物体内源代谢物，但其生物合成来源仍有争议。硝酸还原酶（NR）能够催化亚硝酸盐合成 NO，对于植物中存在类似于哺乳动物的一氧化氮合酶（NOS）产生 NO 的机制仍然不确定，此外还可能存在其他的酶促和非酶促途径[22, 23]。值得注意的是，Besson-Bard 等在 *Annual Review of Plant Biology* 中提出对于信号转导、防御反应和次生代谢物合成而言，NO 来源（NR 与 NOS）的作用及其作用途径如何被研究者忽视了[24]。②诱导形成的 NO 在细胞质、质膜、叶绿体和过氧化物酶体中均有报道，特别是 Gas 等在 *Plant Cell* 中的研究认为，质体对调控植物细胞内 NO 的水平起重要作用[25]。但是在各个亚细胞器中 NO 的形成机制，以及与次生代谢物的积累关系如何等方面的研究较少。③*S*-亚硝基化修饰是 NO 调控蛋白质生物学活性的一种高度保守的机制，参与调控几乎所有的生物学过程。蛋白质 *S*-亚硝基化在动物方面的研究较多，而在植物中的研究才刚刚起步。目前分离的亚硝基化蛋白有 60 多种，这些蛋白涉及植物应激、氧化还原、信号转导与调节、细胞骨架及代谢过程[25, 26]。而只有少数几个 *S*-亚硝基化修饰蛋白（GAPDH、MAT、AtMC9、Ahb1），以及 1 个与 *S*-亚硝基化过程相反的还原酶 AtGSNOR1 被详细研究，但其调控植物的机制还不明确[27-29]。可见蛋白质硝基化修饰在真菌诱导子促进次生代谢物积累中的功能研究仍是一个需要开拓的新领域。因此，开展 NO 对植物细胞次生代谢产物合成信号调控的研究不仅有助于进一步认识植物次生代谢调控规律，而且对全面了解 NO 的生物学功能具有重要意义。

综上所述，调控植物细胞合成次生代谢产物的机制研究已取得了一定的进展，但诱导次生代谢物合成是一个复杂的生物学过程，受众多内源信号物质调控，要阐明其诱导机制，需要了解相关信号及其信号对话在诱导次生代谢物合成中的作用，这些问题都有待于通过更多、更深入的研究加以揭示。

2.2.3 系统生物学研究为揭开真菌诱导子的作用机制之谜提供了可能

系统生物学是研究一个生物系统中所有组成成分（基因、mRNA、蛋白质等）

的构成，以及在特定条件下这些组分间的相互关系的学科。也就是说，系统生物学不同于以往的实验生物学（仅关心个别的基因和蛋白质），它要研究所有的基因、所有的蛋白质、组分间的所有相互关系。

系统生物学的基本工作流程包括 4 个阶段：第一步是对选定的某一生物系统的所有组分进行了解和确定，描绘出该系统的结构，包括基因相互作用网络和代谢途径，以及细胞内和细胞间的作用机制，由此构造出一个初步的系统模型；第二步是系统地改变被研究对象的内部组成成分（如基因突变）或外部生长条件，然后观测在这些情况下系统组分或结构所发生的相应变化，包括基因表达、蛋白质表达和相互作用、代谢途径等的变化，并把得到的有关信息进行整合；第三步是把通过实验得到的数据与根据模型预测的情况进行比较，并对初始模型进行修订；第四步是根据修正后的模型的预测或假设，设定和实施新的改变系统状态的实验，重复第二步和第三步，不断地通过实验数据对模型进行修订和精练。系统生物学的目标就是得到一个理想的模型，使其理论预测能够反映出生物系统的真实性。

系统生物学的研究方法与技术。与分子生物学采取的还原论方法相比，系统生物学是采用系统科学的方法，将生物不是作为孤立的很多部分而是作为整体来定量研究的。经典的分子生物学是一种垂直型的研究，即采用多种手段研究单个基因和蛋白质。首先是在 DNA 水平上寻找特定的基因，然后通过基因突变、基因剔除等手段研究基因的功能；在此基础上，研究蛋白质的空间结构、蛋白质的修饰及蛋白质间的相互作用等。基因组学、蛋白质组学和其他各种“组学”则是水平型研究，即以单一的手段同时研究成千上万个基因或蛋白质。而系统生物学的研究方法则是把水平型研究和垂直型研究整合起来，成为一种“三维”的研究，即充分利用各种组学技术来研究生物系统间的分子影像差异，从而外推环境化学在生物系统中的作用过程，建立数学模式评估 mRNA、蛋白质、代谢水平的变化或差异，阐明整体生物学效应，描述和预测生物功能、表型和行为[30, 31]。

利用系统生物学去解释真菌诱导次生代谢物合成机制的研究还少见报道，仅有我国研究者黄璐琦研究药用植物丹参的报道。该研究采用系统生物学的思维和方法，在丹参二萜类次生代谢产物——丹参酮生物合成途径研究中获得系统性结果（图 2-2）。即采用诱导子刺激，使丹参毛状根产生丹参酮含量上的表型差异。对具有表型差异的多组材料进行代谢组学、蛋白质组学研究，以及采用基因芯片进行转录组数据分析。通过多变量分析，筛选到多条与丹参酮次生代谢密切相关的基因片段，并获得全长 cDNA。克隆得到的丹参柯巴基焦磷酸合酶（SmCPS）为被子植物中首条（+）-CPP 合成酶；类贝壳杉烯合酶（SmKSL）则被鉴定为一种新的二萜合酶，催化（+）-CPP 形成新的二萜烯类化合物，这是丹参酮特有的一条二萜生物合成途径，并将丹参酮生物合成向前推进了两步[31]。

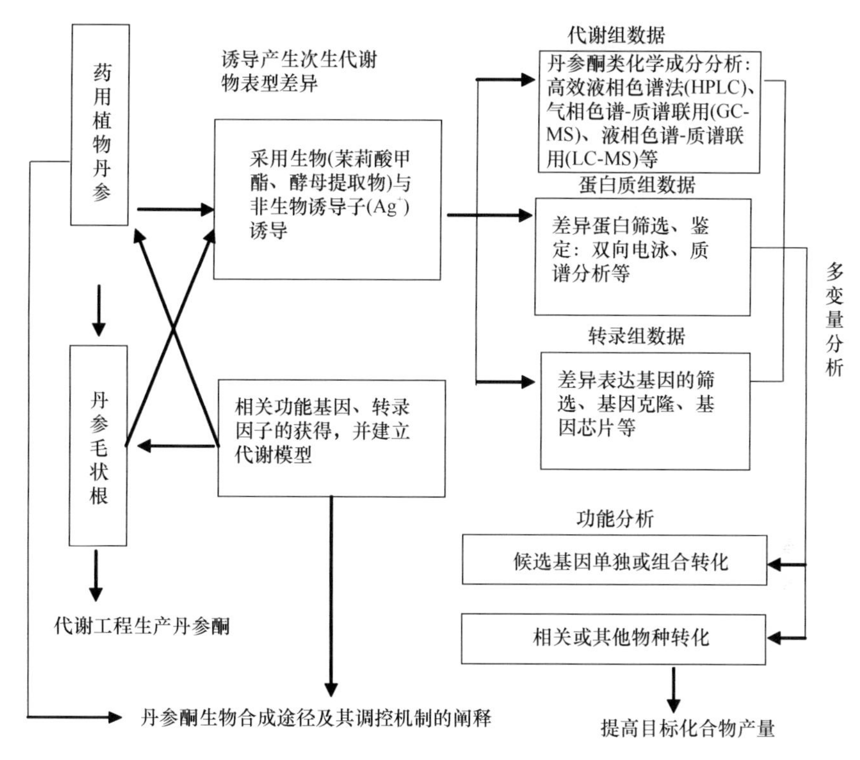

图 2-2 系统生物学方法在丹参酮生物合成途径研究中的应用

目前，从某一“组学”角度分析诱导子促进次生代谢物合成的研究报道较多，即利用转录组学、蛋白质组学或代谢组学研究诱导子促进次生代谢物的合成。下面分别介绍各个组学在诱导子促进次生代谢物合成方面的研究概况。

2.2.3.1 转录组学

转录组学（transcriptomics）是一门在整体水平上研究某一阶段特定组织或细胞中全部转录本的种类、结构和功能，以及转录调控规律的学科。转录组学从一个细胞或组织基因组的全部 mRNA 水平研究基因表达情况，它能够提供全部基因的表达调节系统和蛋白质的功能、相互作用信息。与基因组具有静态实体的特点不同，转录组是受外源和内源因子调控的。因此，它是物种基因组和外部物理特征的动态联系，是反映生物个体在特定器官、组织或某一特定发育、生理阶段细胞中所有基因的表达水平。可用来比较不同组织或生理状况下基因表达水平的差异，发现与特定生理功能相关的基因，推测未知基因。

目前用于转录组数据获得和分析的方法主要有：基于杂交技术的芯片技术（包括 cDNA 芯片和寡聚核苷酸芯片）、基于序列分析的基因表达系列分析（serial analysis of gene expression，SAGE）、大规模平行信号测序系统（massively parallel signature sequencing，MPSS）、表达序列标签技术（expressed sequence tag，EST）、数字基因表达谱（digital gene expression tag profiling，DGE），以及最新发展起来的 RNA-Seq 技术等[32]。

转录组学在次生代谢物调控中的应用主要表现为：发现次生代谢物合成功能基因及其表达规律，确定次生代谢物合成途径，鉴定关键酶基因，研究酶产物特征，了解其调控机制。同时，对诱导子促进某物种有用次生代谢物合成的转录组进行描述，能够提供生物学和生物化学等方面的信息。例如，孙美玲采用 Illumina 高通量测序技术和数字基因表达谱技术，初步建立了桑黄菌丝中甾醇、三萜和酚类物质的生物合成途径，同时发现 2mmol/L 硫化氢供体硫氢化钠处理桑黄菌丝后，提高了甾醇、萜类和酚类化合物生物合成关键酶基因的表达，这为进一步提高桑黄菌丝次生代谢物的积累奠定了基础[33]。由此可见，转录组学的研究将有力地推动植物次生代谢工程的发展，提高次生代谢物的数量和品质，为利用生物反应器大规模生产有用次生代谢物提供理论基础和技术支撑。

2.2.3.2 蛋白质组学

新兴的学科蛋白质组学为进一步揭示真菌诱导子的作用机制提供了可能。蛋白质组（proteome）最早是由 Wilkins 和 Williams 于 1994 年提出的，是指基因组表达产生的所有相应的蛋白质，即细胞或组织或机体全部蛋白质的存在及活动方式。蛋白质组学是在基因组学的研究成就和高通量的蛋白质分析技术取得突破的背景下产生的新兴学科，成为功能基因组时代重要的研究手段。作为功能基因组的研究内容之一，蛋白质组学越来越受到人们的重视，将与基因组学共同承担起从整体水平研究分析生命现象的重任。可见，蛋白质组学是从整体蛋白质水平上，在一个更加深入、更加贴近生命本质的层次上来探讨和发现生命活动的规律和重要的生理、病理现象的本质。

蛋白质组学的研究方法包括蛋白质的分离、质谱分析鉴定和特殊蛋白质的检测，双向凝胶电泳（two-dimensional gel electrophoresis，2-DE）、质谱（mass spectrometry，MS）和生物信息学（bioinformatics）是蛋白质组学研究的三大支柱技术。以 2-DE 和 MS 技术为支撑平台，用于蛋白质的分离、鉴定和特殊蛋白质的检测，用计算机系统和软件进行大规模的数据处理，即以生物信息学为桥梁，对蛋白质表达和蛋白质组功能模式进行研究[34]。

目前，植物抗逆蛋白质组学已经成为十分活跃的领域，已鉴定出了与干旱、低温、盐胁迫、病菌侵害等逆境响应的蛋白质[35-37]。例如，我国学者乌凤章对白桦低温胁迫下的蛋白质组进行了研究，鉴定出 10 种与低温胁迫相关的蛋白质[38]；Chivasa 等利用蛋白质组学研究了真菌诱导子对拟南芥细胞的影响，发现了与诱导子响应的防御蛋白和代谢相关酶[39]。由此可见，通过蛋白质组学分析可以揭示植物响应逆境胁迫的蛋白质种类及其分子调控网络，挖掘新的抗逆相关蛋白和基因，更重要的是从蛋白质水平了解植物抗逆的分子机制。然而，利用蛋白质组学在诱导子提高药用次生代谢物方面的研究报道很少，特别是在真菌诱导子方面，若能利用蛋白质组学分析真菌诱导次生代谢物的积累，将有助于从整体和动态的蛋白质水平了解次生代谢物的诱导积累机制。

2.2.3.3 代谢组学

代谢组学（metabolomics）是继基因组学和蛋白质组学之后新近发展起来的一门学科，是系统生物学的重要组成部分。基因组学和蛋白质组学分别从基因和蛋白质层面探寻生命的活动，而实际上细胞内许多生命活动是发生在代谢物层面的，如细胞信号释放、能量传递、细胞间通讯等都是受代谢物调控的。代谢组学正是研究代谢组（metabolome）在某一时刻细胞内所有代谢物的集合的一门学科。基因与蛋白质的表达紧密相连，代谢物则更多地反映了细胞所处的环境，这又与细胞的营养状态、药物和环境污染物的作用，以及其他外界因素的影响密切相关。因此有人认为，“基因组学和蛋白质组学告诉人们什么可能会发生，而代谢组学则告诉人们什么确实发生了”。

代谢组学的研究方法通常有两种，一种方法称为代谢物指纹分析（metabolic fingerprinting analysis），采用液相色谱-质谱联用（LC-MS）的方法，比较不同血样中各自的代谢产物以确定其中所有的代谢产物。从本质上来说，代谢指纹分析涉及比较不同个体中代谢产物的质谱峰，最终了解不同化合物的结构，建立一套完备的识别这些不同化合物特征的分析方法。另一种方法是代谢轮廓分析（metabolic profiling analysis），研究人员假定了一条特定的代谢途径，并对此进行更深入的研究[40]。

因此，该学科为弄清代谢网络中各种复杂的相互作用，了解了内外环境对细胞的生理效应，甚至可以发现新的代谢途径，为进行代谢工程的研究，特别是在调控代谢产物方面提供可能[41, 42]。Broeckling 等利用代谢组学的策略研究了酵母提取物（YE）、茉莉酸甲酯（MJ）和紫外线照射（UV）对苜蓿细胞代谢物的影响，发现 YE 和 MJ 不仅使苜蓿细胞中的碳水化合物、几种有机酸和氨基酸等初级代谢产物发生明显的变化，而且提高了三萜皂苷的前体物 β-香树脂醇的积累量。更重要的是发现 β-丙氨酸的含量在所有诱导子诱导后都明显提高[43]。由此可见，在外界环境调控下初级代谢产物中的某一种或几种成分与某种次生代谢物的积累密切相关。若能明确此种关系将为分析次生代谢物的诱导积累提供依据。而这方面的研究报道还很少，值得研究者深入探讨。

综上所述，诱导反应机制的研究是目前利用生物技术进行次生代谢产物高效合成利用研究的难点和重点。研究真菌诱导子对植物次生代谢物的影响，能为药用及其他有用次生代谢物的研究、开发和利用提供新的思路和方法。因此研究内生真菌对植物生长、代谢产物形成的影响具有重要意义。

2.3 结论和展望

真菌诱导子主要是糖类、蛋白质和脂类等物质，它们通过与细胞膜表面受体结合，然后通过信号转导途径完成信号的跨膜传递，引起细胞基因表达水平发生变化，从而调节次生代谢产物生物合成途径中相关酶的活性，最终刺激细胞发生防御反应，诱导特定次生代谢产物的生成和积累。在植物细胞培养中，特别是药用植物中，人们通过不同真菌诱导子实现了对萜类、生物碱类、皂苷类、黄酮类等多种化合物的诱导合成，并取得了良好的经济和社会效益[44]。

同时，研究人员也注意到在真菌诱导子诱导细胞次生代谢产物合成方面还有许多值得深入研究的问题。第一，目前研究真菌诱导子时，多以一类或多类物质组成的混合物进行研究，因此不同类诱导子间，甚至同类诱导子间是否存在相互影响或相互作用尚不清楚，还应开展诱导子组分中的功能性成分分离、纯化和鉴定工作，这对特异性诱导子的筛选，以及诱导子与受体间作用机制的研究都尤为重要。第二，诱导子来源及诱导子结构形式研究，尤其是蛋白质类诱导子，是否进行糖基化和糖基化程度，以及它所处的高级结构状态，如寡聚体和多聚体等对诱导子与受体的结合有哪些影响。第三，目的细胞表面诱导子受体情况，目前对寡糖类诱导子受体研究较多，其他类型诱导子受体的种类及分布情况如何，这些受体蛋白的表达受哪些因素的调控，诱导子与受体间的结合与哪些因素有关等都有待进一步研究。第四，在诱导子制备过程中，产诱导子菌体的培养条件、收获时间及提取工艺对诱导子活性有哪些影响。第五，在诱导子的添加过程中，诱导子的使用时间、使用条件等与目的细胞的状态有何关系。因此，深入研究真菌诱导子与目的细胞的相互作用，尤其是与植物细胞的相互作用，对实现高效、特异诱导目的产物的生产，推动生物诱导子在大规模工业生产中的应用都将具有重要的科学意义和应用价值。

参 考 文 献

[1] 张莲莲, 谈锋. 真菌诱导子在药用植物细胞培养中的作用机制和应用进展. 中草药, 2006, 37(9): 1426-1430

[2] 翟俏丽, 范桂枝, 詹亚光. 真菌诱导子促进白桦悬浮细胞三萜的积累. 林业科学, 2011, 47(6): 42-47

[3] 彭金英, 黄勇平. 植物防御反应的两种信号转导途径及其相互作用. 植物生理与分子生物学学报, 2005, 31(4): 347-353

[4] 程华. 岩黄连细胞培养合成生物碱研究. 武汉: 华中科技大学博士学位论文, 2006: 9-11

[5] 戴均贵, 朱蔚华, 吴蕴祺, 等. 前体及真菌诱导子对银杏悬浮培养细胞产生银杏内酯B的影响. 药学学报, 2000, 35(2): 151-155

[6] 张长平, 李春, 元英进. 真菌诱导子对悬浮培养南方红豆杉细胞次生代谢的影响. 化工学

报, 2002, 53(5): 498-502
[7] 谭燕, 贾茹, 陶金华, 等. 内生真菌诱导子调控药用植物活性成分的生物合成. 中草药, 2013, 44(14): 2004-2008
[8] 齐凤慧, 詹亚光, 景天忠. 诱导子对植物细胞培养中次生代谢物的调控机制. 天然产物研究与开发, 2008, 20: 568-573
[9] 袁志林, 章初龙, 林福呈. 植物与内生真菌互作的生理与分子机制研究进展. 生态学报, 2008, 28(9): 4430-4439
[10] Waller F, Achatz B, Baltruschat H, et al. The endophytic fungus *Piriformospora indica* reprograms barley to salt-stress tolerance, disease resistance, and higher yield. PNAS, 2005, 102: 13386-13391
[11] Sherameti I, Shahollari B, Venus Y, et al. The endophytic fungus *Piriformospora indica* stimulates the expression of nitrate reductase and the starch degrading enzyme glucan water dikinase in tobacco and *Arabidopsis* roots through a homeodomain transcription factor that binds to a conserved motif in their promoters. J Biol Chem, 2005, 280(28): 26241-26247
[12] Rasmussen S, Parsons A J, Fraser K, et al. Newman metabolic profiles of *Lolium perenne* are differentially affected by nitrogen supply, carbohydrate content, and fungal endophyte infection. Plant Physiol, 2008, 146: 1440-1453
[13] 米国华, 赖宁薇, 陈范骏, 等. 细菌、真菌及植物氮营养信号研究进展. 植物营养与肥料学报, 2008, 14(5): 1008-1016
[14] Goyal S, Ramawat K G. Effect of chemical factors on production of isoflavonoids in *Pueraria tuberose*(Roxb. ex. Willd.)DC suspension cultures, Indian J Expt Biol, 2007, 45: 1063-1067
[15] Komaraiah P, Kishor P B, Kavi C M, et al. Enhancement of anthraquinone accumulation in *Morinda citrifolia* suspension cultures, Plant Sci, 2005, 168: 1337-1344
[16] Zhong J J, Wang S J. Effects of nitrogen source on the production of ginseng saponin and polysaccharide by cell cultures of *Panax quinquefolium*. Process Biochemistry, 1998, 33(6): 671-675
[17] Sato K, Nakayama M, Shigeta J I. Culturing conditions affecting the production of anthocyanin in suspended cell cultures of strawberry. Plant Sci, 1996, 113(1): 91-98
[18] 孙大业. 植物细胞信号转导研究进展. 植物生理学通讯, 1996, 2: 81-91
[19] 徐茂军. 一氧化氮: 植物细胞次生代谢信号转导网络可能的关键节点. 自然科学进展, 2007, 17(12): 1622-1630
[20] Stephen C, John M H, Richard S P, et al. Proteomic analysis of differentially expressed proteins in fungal elicitor-treated *Arabidopsis* cell cultures. J Exp Bot, 2006, 57: 1553-1562
[21] 徐茂军, 董菊芳, 朱睦元. NO 通过水杨酸(SA)或者茉莉酸(JA)信号途径介导真菌诱导子对粉葛悬浮细胞中葛根素生物合成的促进作用. 中国科学 C 辑, 2006, 36(1): 66-75
[22] Steven N, Jo B, Radhika D, et al. Nitric oxide evolution and perception. J Exp Bot, 2008, 59: 25-35
[23] Kyu J, Yun B W, Kang J G, et al. Nitric oxide function and signalling in plant disease resistance. J Exp Bot, 2008, 59(2): 147-154
[24] Besson-Bard A, Pugin A, Wendehenne D. New insights into nitric oxide signaling in plants. Annual Review of Plant Biology, 2008, 59: 21-39
[25] Gas E, Flores-Pérez U, Sauret-Güeto S, et al. Hunting for plant nitric oxide synthase provides new evidence of a central role for plastids in nitric oxide metabolism. The Plant Cell, 2009, 21: 18-23
[26] Puyaubert J, Fares A, Rézé N, et al. Identification of endogenously S-nitrosylated proteins in *Arabidopsis* plantlets: effect of cold stress on cysteine nitrosylation level. Plant Sci, 2014,

215-216: 150-156
[27] Tavares C P, Vernal J, Delena R A, et al. S-nitrosylation influences the structure and DNA binding activity of AtMYB30 transcription factor from *Arabidopsis thaliana*. BBA-Proteins and Proteomics, 2014, 1844(4): 810-817
[28] Astier J, Wawer I, Besson-Bard A, et al. GAPDH, NtOSAK and CDC48, a conserved chaperone-like AAA-ATPase, as nitric oxide targets in response to(a)biotic stresses. Nitric Oxide, 2012, 27: S9
[29] Astie J, Kulik A, Koen E, et al. Protein S-nitrosylation: What's going on in plants? Free Radical Biology and Medicine, 2012, 53(5): 1101-1110
[30] 杨胜利. 系统生物学研究进展. 中国科学院院刊, 2004, 19(1): 31-34
[31] 黄璐琦, 高伟, 周洁, 等. 系统生物学在药用植物次生代谢产物研究中的应用. 中国中药杂志, 2010, 35(1): 8-12
[32] 吴琼, 孙超, 陈士林, 等. 转录组学在药用植物研究中的应用. 世界科学技术: 中医药现代化, 2010, 3: 457-462
[33] 孙美玲. 硫化氢诱导桑黄菌丝体中三萜合成机制的初步研究. 哈尔滨: 东北林业大学硕士学位论文, 2014
[34] 侯振江. 蛋白质组学及其方法学研究进展. 检验医学教育, 2012, 19(4): 37-39
[35] Castielli O, Cerda B D, Navarro J A, et al. Proteomic analyses of the response of cyanobacteria to different stress conditions. FEBS Lett, 2009, 583: 1753-1758
[36] Lee K, Bae D W, Kim S H, et al. Comparative proteomic analysis of the short-term responses of rice roots and leaves to cadmium. J Plant Physiol, 2010, 167: 161-168
[37] Zhang H X, Lian C L, Shen Z G. Proteomic identification of small, copper-responsive proteins in germinating embryos of *Oryza sativa*. Ann Bot, 2009, 103(6): 923-930
[38] 乌凤章. 白桦低温胁迫响应与叶绿体 RNA 结合蛋白的蛋白质组学研究. 哈尔滨: 东北林业大学博士学位论文, 2008
[39] Chivasa S, Hamilton J M, Pringle R S, et al. Proteomic analysis of differentially expressed proteins in fungal elicitor-treated Arabidopsis cell cultures. J Exp Bot, 2006, 57(7): 1553-1562
[40] 尹恒, 李曙光, 白雪芳, 等. 植物代谢组学的研究方法及其应用. 植物学通报, 2005, 22(5): 532-540
[41] Figueiredo A, Fortes A M, Ferreira S, et al. Transcriptional and metabolic profiling of grape(*Vitis vinifera* L.)leaves unravel possible innate resistance against pathogenic fungi. J Exp Bot, 2008, 59: 3371-3381
[42] Lechene C P, Luyten Y, McMahon G, et al. Quantitative imaging of nitrogen fixation by individual Bacteria within animal cells. Science, 2007, 317: 1563-1566
[43] Broeckling C D, Huhman D V, Farag M A, et al. Metabolic profiling of *Medicago truncatula* cell cultures reveals the effects of biotic and abiotic elicitors on metabolism. J Exp Bot, 2005, 55: 323-336
[44] 古绍彬, 龚慧, 杨彬, 等. 真菌诱导子在发酵工业中的应用现状及展望. 生物工程学报, 2013, 29(11): 1558-1572

3　白桦悬浮细胞培养体系的建立及其三萜含量的动态研究

有研究报道，三萜物质为白桦树皮的主要活性成分之一，近年来，科学家发现白桦树皮中的白桦脂醇、白桦脂酸等三萜物质具有镇咳祛痰、清热利湿、降血脂等作用，以及抗肿瘤和抗 HIV 等活性[1-6]，作用效果高效低毒，也有研究报道 *B. cortex* 中的三萜提取物为皮肤癌的局部治疗提供了新方法。

但是从树皮中分离和提取白桦三萜不仅数量有限，而且会造成白桦资源的损失，破坏生态平衡，而组织培养技术为林木无性繁殖提供了一种快速而高效的方法，是解决植物资源可持续发展和有用次生产物生产的有效途径。

作者研究室前期的研究表明，白桦脂醇和齐墩果酸等三萜类物质可以在白桦愈伤组织中积累[7, 8]，但白桦三萜的积累与细胞生长、营养物质的消耗之间存在密切的关系，解析此关系将为细胞由摇瓶放大到生物反应器的培养提供重要的技术参数，而生物反应器技术是植物细胞培养生产次级代谢产物、实现大规模工业化生产的关键技术之一。因此，本研究首先优化白桦愈伤组织中三萜的提取条件，然后建立白桦悬浮细胞培养体系，在此基础上研究在悬浮培养过程中，细胞的生长、三萜的合成及主要营养成分（如蔗糖、硝酸盐、磷酸盐）的消耗，以便了解白桦悬浮细胞培养的特性、白桦细胞的生长与营养物质消耗之间存在的对应关系，为提高白桦悬浮细胞中三萜的积累及大规模培养提供理论依据。

3.1　白桦愈伤组织中三萜提取条件的初步优化

以齐墩果酸或白桦脂醇为标品，采用香草醛-冰醋酸、高氯酸比色法分析植物中的总三萜含量，该方法操作简便、结果稳定、重现性好[9, 10]。但是不同植物采用该方法测定时提取率不同，为此本研究将考察该方法测定白桦愈伤组织中三萜含量的稳定性和重复性，并对提取温度和试剂进行了初步优化。

3.1.1　紫外分光光度计方法测定三萜含量的评价

0~105min，显色液吸光值的变化呈先上升后下降的趋势（图 3-1）。其中 0~4min 吸光值呈上升趋势，5~50min 较稳定，50min 以后开始下降。因此适合在 5~50min 测定显色液的吸光值。

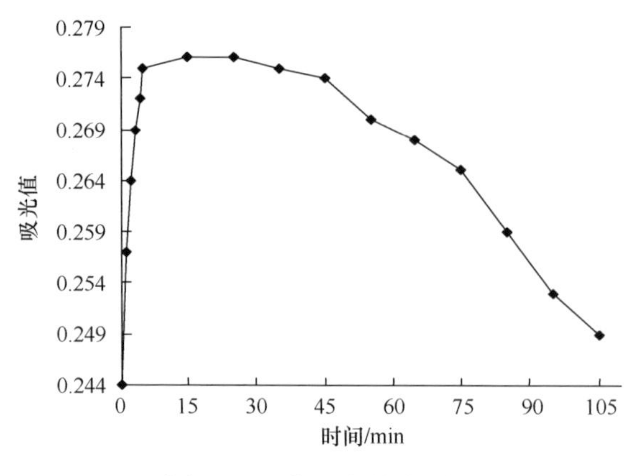

图 3-1　显色反应的稳定性

将取样后烘干研磨的样品分 5 次用 5%香草醛-冰醋酸方法测定三萜的含量，其吸光值的测定结果见表 3-1，吸光值为 0.431~0.459，RSD 为 0.211%。说明该方法重现性较高。

表 3-1　重现性测定结果

重复次数	吸光值	平均值	RSD/%
1	0.431		
2	0.443		
3	0.436	0.445	0.211
4	0.454		
5	0.459		

3.1.2　白桦愈伤组织中三萜物质的提取温度优化

取相同的白桦愈伤组织干样，在 95%乙醇中浸提 3 次后，分别于 20℃、40℃、60℃、80℃条件下超声提取三萜，结果表明 4 个超声温度对三萜物质的提取存在明显差异（图 3-2），4 种处理下三萜物质含量依次为 40℃（1.67mg/g）＞60℃（1.28mg/g）＞80℃（0.47mg/g）＞20℃（0.08mg/g）。表明白桦愈伤组织中三萜物质的最佳超声提取温度为 40℃。

超声温度的提高使分子的运动更剧烈，提高反应速率，但由于提取的有机溶剂是乙醇，乙醇的沸点是 78.5℃，随着超声温度的升高，乙醇会大量挥发，提取的三萜含量便会下降。所以三萜物质的提取温度优化为 40℃条件下超声 40min。

3.1.3　白桦愈伤组织中提取三萜物质的有机溶剂筛选

取相同的白桦愈伤组织干样，分别用苯、乙醚、95%乙醇、氯仿、甲醇、丙

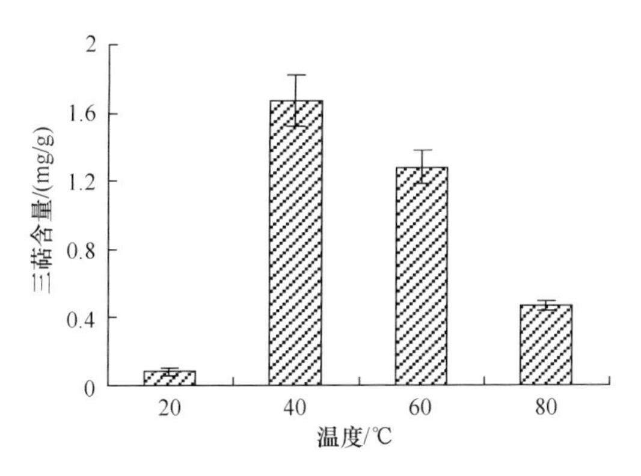

图 3-2　超声温度对提取愈伤组织中三萜物质含量的影响

酮浸提，测定三萜物质含量发现，在用不同有机溶剂提取后三萜含量差异明显（图 3-3），依次为苯（2.58mg/g）＞乙醚（2.04mg/g）＞95%乙醇（1.67mg/g）＞氯仿（1.21mg/g）＞甲醇（0.89mg/g）＞丙酮（0.50mg/g）。

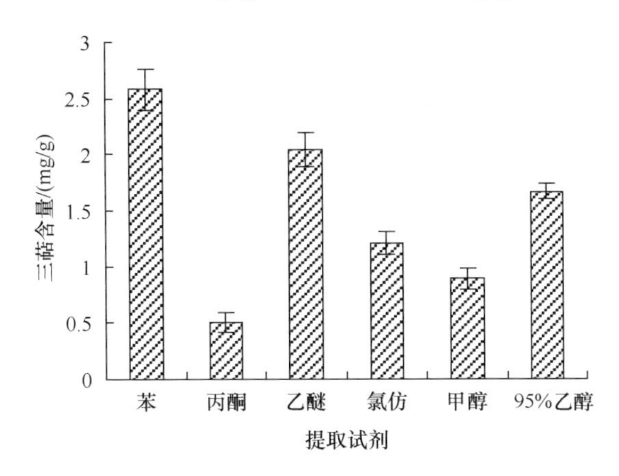

图 3-3　不同有机试剂对提取白桦愈伤组织中三萜物质的影响

产生差异的原因可能是苯分子较大，分子之间的黏着力也较大，由于苯较稳定，在提取时与提取物发生反应更少，因此提取效果较好。但因为苯和乙醚均有毒性，且乙醚易挥发，因此提取时最佳的有机溶剂为乙醇，乙醇为常用药品，价格低廉，没有毒性，提取效果好。

3.1.4　小结

1）利用 5%香草醛-冰醋酸溶液、高氯酸为显色系统，对白桦愈伤组织中三萜含量的测定表明，该方法具有较高的重现性，并且显色液在 5~50min 测定吸光值较稳定。

2）对白桦三萜的提取温度和试剂优化发现，40℃（1.67mg/g）＞60℃

(1.28mg/g)>80℃(0.47mg/g)>20℃(0.08mg/g);苯(2.58mg/g)>乙醚(2.04mg/g)>95%乙醇(1.67mg/g)>氯仿(1.21mg/g)>甲醇(0.89mg/g)>丙酮(0.50mg/g)。因此,建议白桦愈伤组织中三萜提取的最佳温度为40℃,提取试剂为95%乙醇。

3.2 白桦悬浮细胞培养体系的建立及其三萜积累条件的优化

植物悬浮细胞培养是将植物活体组织或离体组织培养物如愈伤组织、多芽体等转至合适的液体培养基中,置于特定转速的摇床上进行振荡悬浮培养,经过周期的继代培养和筛选后形成稳定均一的悬浮细胞系。一个良好的悬浮细胞系通常具备以下3个特征:①悬浮培养物易分散,细胞团相对较小,一般由数十个以内的细胞聚合而成;②细胞大小均一,形态一致,细胞颜色呈鲜艳的乳白色、淡黄色或淡绿色,培养基清澈透亮;③细胞快速生长,生长周期呈典型的"S"型[11]。

经过近几十年的发展,植物细胞培养技术日趋成熟,人参产生的人参皂苷、紫草产生的紫草宁、黄连产生的小檗碱等已经通过植物细胞培养技术实现了工业化生产[12]。但高产而又稳定的细胞系难以筛选,植物细胞的生长周期过长,以及污染和褐化问题严重,更重要的是细胞内生产的代谢物含量不稳定[11]。上述问题要求建立悬浮细胞培养体系前对培养基成分、起始悬浮培养的细胞密度和继代培养周期等悬浮培养的关键技术进行优化。为此,作者将从愈伤组织的形态、培养基成分及接种量等方面优化白桦悬浮细胞培养体系,找到白桦三萜积累量较高的悬浮细胞培养体系。

3.2.1 不同形态白桦愈伤组织悬浮培养后细胞的生长曲线与三萜物质的积累

3.2.1.1 不同形态白桦愈伤组织悬浮培养后的细胞活力曲线

在白桦愈伤组织悬浮培养的条件下,不同形态的白桦愈伤组织细胞活力都呈现先上升后下降的趋势(图3-4)。致密型和松散型愈伤组织的细胞活力都在第9天达到最大值。其中,松散型愈伤组织的细胞活力在整个培养周期中都高于致密型愈伤组织的细胞活力。但松散型愈伤组织在第9天左右没有明显的上升和下降趋势;而致密型的愈伤组织在第9天左右存在明显的上升和下降趋势。

3.2.1.2 不同形态白桦愈伤组织悬浮培养后的鲜重积累曲线

在白桦愈伤组织悬浮培养的条件下,不同形态的白桦愈伤组织鲜重的积累都呈现持续上升的趋势(图3-5)。在整个培养周期中致密型愈伤组织的鲜重增长都高于松散型愈伤组织的鲜重增长,在收获时致密型愈伤组织鲜重增长达4.38g FW/瓶,松散型愈伤组织鲜重增长达 3.80g FW/瓶。

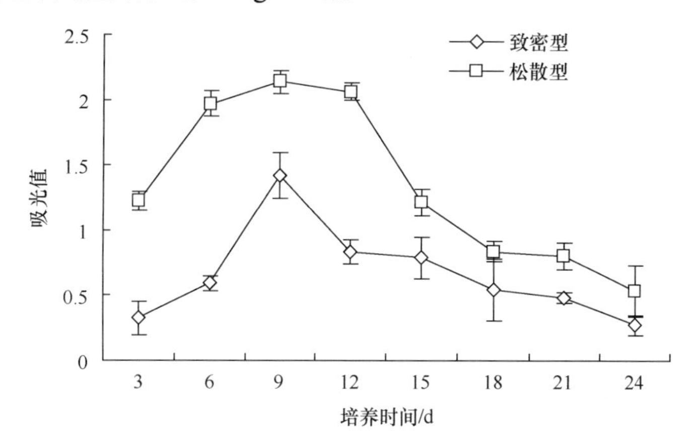

图 3-4　不同形态白桦愈伤组织悬浮培养后的细胞活力曲线

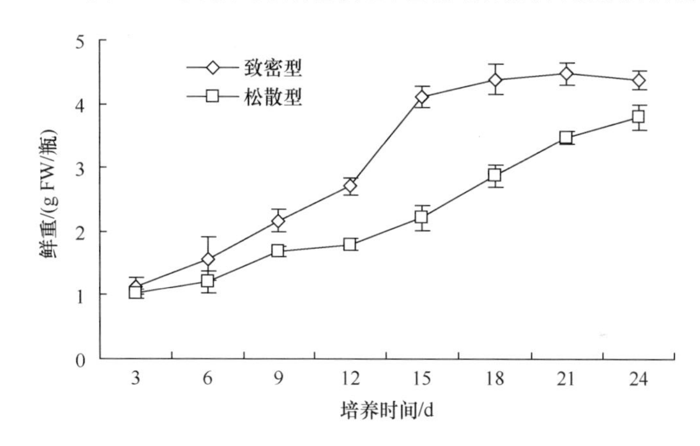

图 3-5　不同形态白桦愈伤组织悬浮培养后的鲜重积累曲线

在悬浮培养的前 15d，致密型白桦愈伤组织鲜重呈显著增长趋势，而第 15 天以后愈伤组织的鲜重增长趋于平缓；松散型愈伤组织鲜重的增长一直呈现平稳增长的趋势。

3.2.1.3　不同形态白桦愈伤组织悬浮培养过程中三萜物质的变化曲线

在白桦愈伤组织悬浮培养的条件下，不同形态的愈伤组织中三萜物质的积累都呈现先增长后下降的趋势（图 3-6）。三萜物质含量的最高值都出现在第 9 天，且致密型愈伤组织和松散型愈伤组织在第 9 天的三萜含量相近，致密型含量为 14.31mg/g DW，松散型含量为 14.36mg/g DW。

在整个悬浮培养过程中，松散型愈伤组织的三萜含量都高于致密型愈伤组织。而在三萜累积量的最高峰时期松散型的三萜含量仅比致密型的三萜含量高 0.05mg/g DW。松散型愈伤组织在第 6~12 天三萜含量呈现平稳增加和降低的趋势；

而致密型愈伤组织在第6~12天三萜含量呈现迅速增加和降低的趋势。

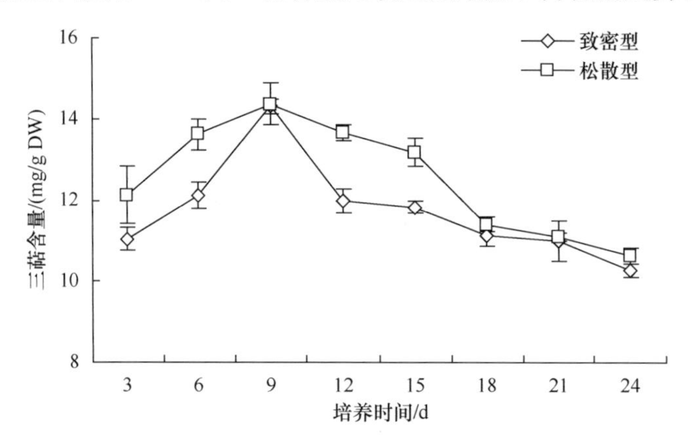

图3-6 不同形态白桦愈伤组织悬浮培养过程中三萜物质变化曲线

3.2.2 不同接种量对白桦悬浮培养细胞生长及其三萜物质积累的影响

3.2.2.1 不同接种量对白桦悬浮培养细胞活力的影响

设置10g/L、20g/L、30g/L、40g/L 4个接种量梯度，研究不同接种量对白桦悬浮培养细胞活力的影响。结果表明，4种浓度的接种量，悬浮培养细胞的细胞活力存在一定差异，但都在第9天达到最高值（图3-7）。在培养的前15d接种量为10g/L和20g/L鲜重的细胞活力较高，而且只有在第9天时接种量为20g/L鲜重的细胞活力高于10g/L的。第15天以后接种量为30g/L和20g/L鲜重的细胞活力较高，而10g/L接种量的细胞活力降低较快。

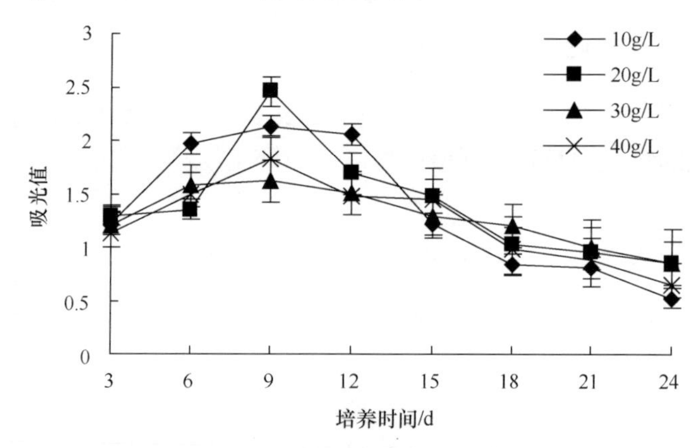

图3-7 不同接种量对白桦悬浮培养细胞活力的影响

3.2.2.2 不同接种量对白桦悬浮培养细胞鲜重积累的影响

由图3-8可见，接种量不同，白桦悬浮培养细胞的生长曲线和生长周期不同。

接种量为 10g/L 时，细胞生长周期较长，在整个培养周期中都呈现稳定上升趋势，一直未进入平缓期，到收获时鲜重增率为 280.33%。接种量为 20g/L 和 30g/L 时，细胞生长周期缩短，在第 12~15 天细胞鲜重增长率明显提高，到第 15 天时鲜重分别增加至 3.17g FW/瓶和 4.39g FW/瓶，而后在第 21~24 天进入细胞生长的平缓期，收获时鲜重增长率分别为 231.66%和 202.22%。接种量为 40g/L 时，细胞生长周期最短，在第 9~12 天细胞鲜重增长率明显提高，到第 12 天时鲜重增加了 4.42g FW/瓶，而后在第 18~24 天进入细胞生长的平缓期，收获时鲜重增长率为 170.25%。考虑到成本核算及愈伤组织的鲜重增长率，选择接种量 10g/L 为佳。

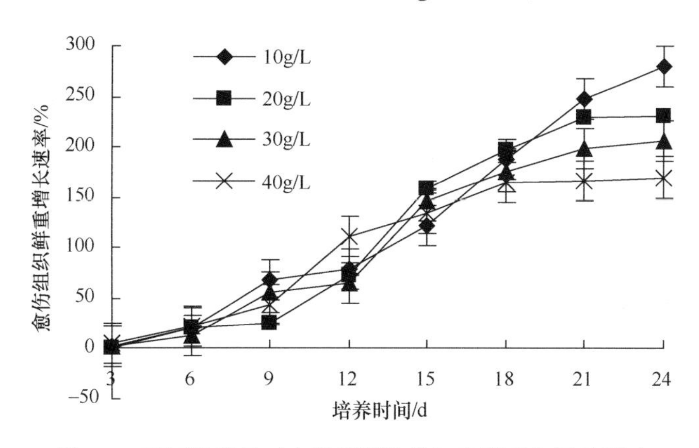

图 3-8　不同接种量对白桦悬浮培养细胞鲜重积累的影响

3.2.2.3　不同接种量对白桦悬浮培养细胞中三萜含量的影响

接种量不同，白桦悬浮培养细胞中三萜含量也存在一定差异。如图 3-9 所示，不同接种量培养的条件下，悬浮培养细胞中的三萜含量都在第 9 天达到高峰值，但不同接种量的三萜含量曲线有所不同，表现为在培养的前 15d，10g/L 接种量的悬浮细胞中三萜含量一直比其他 3 个浓度接种量的三萜含量高，在第 9 天时达到 14.36mg/g DW；20g/L 接种量的悬浮细胞中三萜含量在整个培养周期中都处于较高的水平，在第 9 天时达到 12.96mg/g DW；而 30g/L 和 40g/L 接种量的悬浮培养细胞中三萜含量在整个培养周期中均处于较低的水平。依据以上结果，并参照愈伤组织鲜重增长速率，悬浮培养白桦愈伤组织生产白桦三萜物质的接种量选择 10~20g/L 较为适合。

3.2.3　不同培养基种类对白桦悬浮培养细胞生长及其三萜物质积累的影响

3.2.3.1　不同培养基种类对白桦悬浮培养细胞活力的影响

白桦愈伤组织在 MS、NT、IS、WPM、1/2 MS 和 B_5 6 种不同培养基中进行悬浮培养时，愈伤组织的细胞活力存在很大差异。如图 3-10 所示，WPM 培养基培养的愈伤组织细胞活力最强，而 NT 培养基培养的愈伤组织细胞活力最弱。用 6

种不同培养基对白桦愈伤组织进行悬浮培养后，愈伤组织的细胞活力值表现为 WPM＞MS＞B_5＞1/2 MS＞IS＞NT。

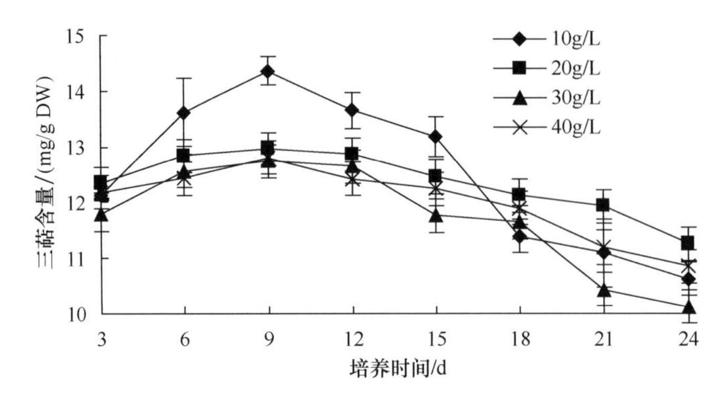

图 3-9　不同接种量对白桦悬浮培养细胞中三萜物质含量的影响

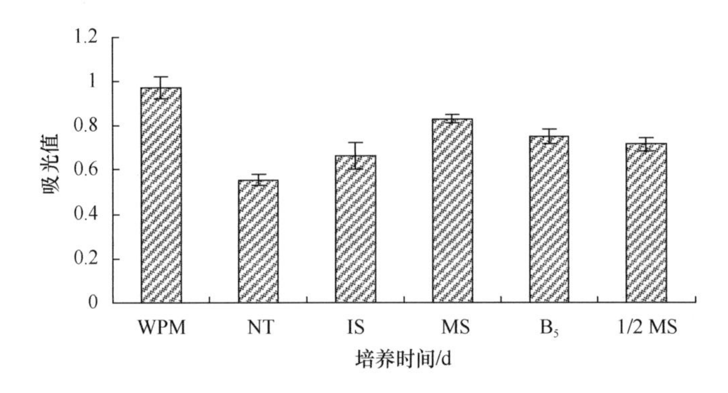

图 3-10　不同培养基种类对白桦悬浮培养细胞活力的影响

3.2.3.2　不同培养基种类对白桦悬浮培养细胞鲜重积累的影响

白桦愈伤组织在 MS、NT、IS、WPM、1/2 MS 和 B_5 6 种不同培养基中进行悬浮培养时，愈伤组织的鲜重均呈增长趋势（图 3-11）。不同的培养基对白桦愈伤组织鲜重积累的影响不同。悬浮细胞的鲜重积累量依次为 B_5＞WPM＞1/2 MS＞MS＞IS＞NT，收获时 B_5 培养基培养的愈伤组织鲜重达到 13.72g FW/瓶，而 NT 培养基培养的愈伤组织鲜重只达到 10.22g FW/瓶。

3.2.3.3　不同培养基种类对白桦悬浮培养细胞中三萜物质含量的影响

用 MS、NT、IS、WPM、1/2 MS 和 B_5 6 种不同培养基对白桦愈伤组织进行悬浮培养时，愈伤组织中三萜物质的积累有所不同。由图 3-12 可以看出，用 6 种不同培养基培养后，NT 培养基培养的愈伤组织三萜物质含量最高，收获时达到 11.97mg/g DW；1/2 MS 培养基培养的愈伤组织三萜物质含量最低，收获时只达到 10.70mg/g DW。

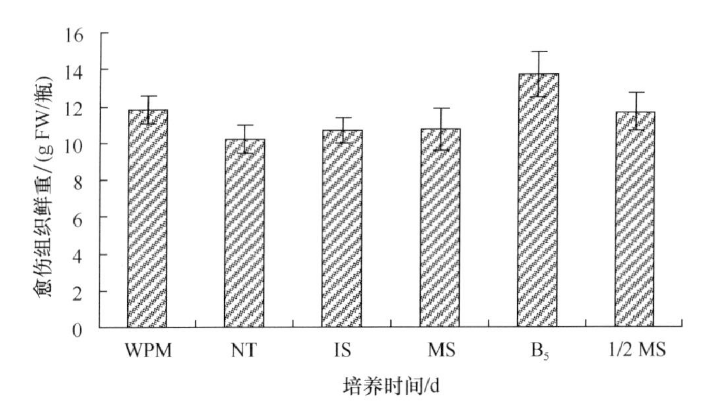

图 3-11　不同培养基种类对白桦悬浮培养细胞鲜重积累的影响

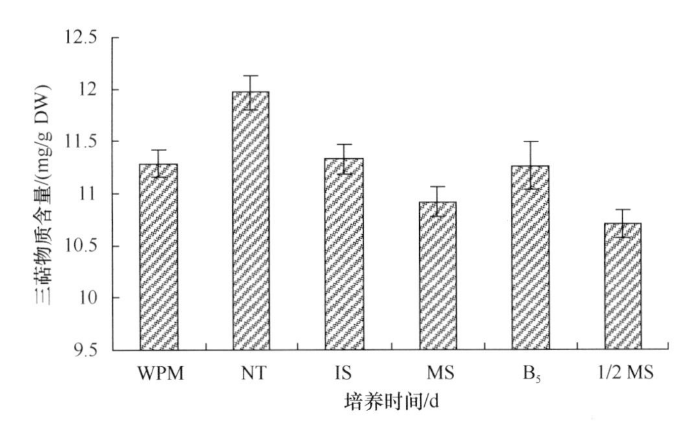

图 3-12　不同培养基种类对白桦悬浮培养细胞中三萜物质含量的影响

不同培养基中的无机盐含量及有机成分存在很大差异，表现为对白桦悬浮培养细胞中的三萜物质积累影响不同。实验结果表明 NT 培养基对愈伤组织中三萜物质积累最为有利，其次是 IS 培养基，而对三萜物质积累最不利的培养基是 1/2 MS 培养基。

这与固体培养时的结果不完全相同，固体培养时 IS 培养基对于愈伤组织中三萜物质积累最为有利，而最为不利的是 WPM 培养基，原因可能在于悬浮培养使愈伤组织与培养基接触更充分，营养元素利用率更高。

3.2.4　不同激素配比对白桦悬浮培养细胞生长及其三萜物质积累的影响

3.2.4.1　不同激素配比对白桦悬浮培养细胞活力的影响

用两种激素组合共 12 个浓度配比分别对白桦愈伤组织进行悬浮培养，其细胞活力表现出一定差异。如图 3-13 所示，在两种激素组合中 6-BA 与 TDZ 组合培养的悬浮细胞的细胞活力高于 6-BA 与 NAA 组合培养的悬浮细胞的细胞活力。在

6-BA 与 TDZ 组合中，当 6-BA 与 TDZ 浓度相当且浓度较低时，悬浮培养细胞的细胞活力较强；而当 TDZ 浓度过高时，细胞活力有所下降。在 6-BA 与 NAA 组合中，当 6-BA 与 NAA 浓度相当且浓度较高时，悬浮培养细胞的细胞活力较强；而当 6-BA 浓度较低或 NAA 浓度较低时，细胞活力均有所下降。

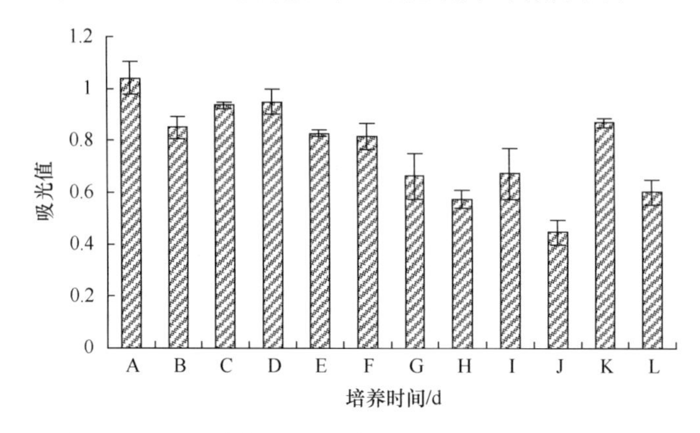

图 3-13 不同激素配比对白桦悬浮培养细胞活力的影响

A. TDZ 0.2ml/L+6-BA 0.2ml/L; B. TDZ 0.2ml/L+6-BA 0.4ml/L; C. TDZ 0.4ml/L+6-BA 0.2ml/L; D. TDZ 0.4ml/L+6-BA 0.4ml/L； E. TDZ 0.6ml/L+6-BA 0.2ml/L； F. TDZ 0.6ml/L+6-BA 0.4ml/L； G. NAA 0.4ml/L+6-BA 0.4ml/L； H. NAA 0.4ml/L+6-BA 0.8ml/L； I. NAA 0.4ml/L+6-BA 1.2ml/L； J. NAA 0.8ml/L+6-BA 0.4ml/L； K. NAA 0.8ml/L+6-BA 0.8ml/L； L. NAA 0.8ml/L+6-BA 1.2ml/L

3.2.4.2 不同激素配比对白桦悬浮培养细胞鲜重积累的影响

在添加的激素组合为 6-BA 与 TDZ 或 6-BA 与 NAA 的培养条件下，白桦悬浮培养细胞的鲜重呈现不同程度的增长趋势。不同激素配比使白桦悬浮培养细胞鲜重积累存在一定的差异。

如图 3-14 所示，在两种激素组合中 6-BA 与 NAA 组合培养的悬浮细胞的鲜重积累量高于 6-BA 与 TDZ 组合培养的悬浮细胞的鲜重积累量，说明 NAA 对白桦愈伤组织生长的影响大于 TDZ 的作用。在 6-BA 和 TDZ 组合中，0.6mg/L TDZ +0.2mg/L 6-BA 组合对悬浮培养细胞鲜重的增长最有利，收获时鲜重为 11.79g FW/瓶；而 TDZ 浓度较低且 6-BA 浓度较高时不利于白桦悬浮培养细胞鲜重的积累。在 6-BA 和 NAA 组合中，0.4mg/L NAA +0.8mg/L 6-BA 组合对悬浮培养细胞鲜重的增长最有利，收获时鲜重为 11.86g FW/瓶；而当 NAA 浓度较高时，不利于白桦悬浮培养细胞鲜重的积累。

3.2.4.3 不同激素配比对白桦悬浮培养细胞中三萜物质含量的影响

用两种激素组合共 12 个浓度配比分别对白桦愈伤组织进行悬浮培养，三萜物质的积累量不同。如图 3-15 所示，6-BA 与 TDZ 组合悬浮培养的白桦细胞中三萜物质含量高于 6-BA 与 NAA 组合悬浮培养的白桦细胞中三萜物质含量。在所有激素组合中 0.4mg/L 6-BA +0.2mg/L TDZ 培养的愈伤组织中三萜物质含量最高，收

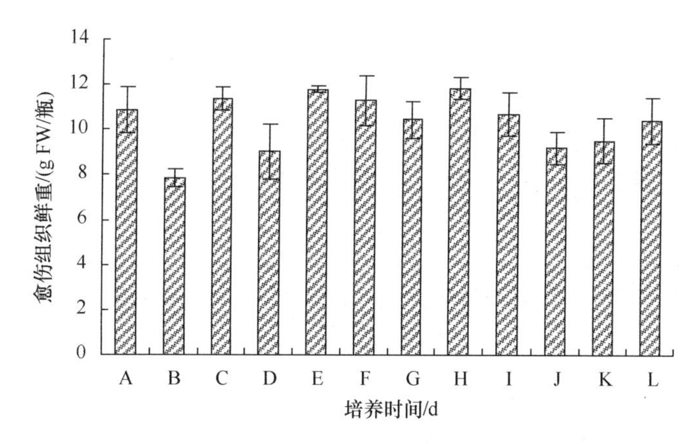

图 3-14　不同激素配比对白桦悬浮培养细胞鲜重积累的影响

A. TDZ 0.2ml/L+6-BA 0.2ml/L；B. TDZ 0.2ml/L+6-BA 0.4ml/L；C. TDZ 0.4ml/L+6-BA 0.2ml/L；D. TDZ 0.4ml/L+6-BA 0.4ml/L；E. TDZ 0.6ml/L+6-BA 0.2ml/L；F. TDZ 0.6ml/L+6-BA 0.4ml/L；G. NAA 0.4ml/L+6-BA 0.4ml/L；H. NAA 0.4ml/L+6-BA 0.8ml/L；I. NAA 0.4ml/L+6-BA 1.2ml/L；J. NAA 0.8ml/L+6-BA 0.4ml/L；K. NAA 0.8ml/L+6-BA 0.8ml/L；L. NAA 0.8ml/L+6-BA 1.2ml/L

获时含量达到 14.23mg/g DW。同一激素组合中，不同浓度的激素配比对三萜物质含量的影响有所不同。6-BA 与 NAA 组合比 6-BA 与 TDZ 组合更有利于白桦悬浮培养细胞鲜重的积累，但三萜物质的积累量没有 6-BA 与 TDZ 组合的积累量高。在 6-BA 和 NAA 组合中，0.4mg/L NAA +0.4mg/L 6-BA 组合对悬浮培养细胞中三萜物质的积累最有利，收获时含量达到 11.90mg/g DW。TDZ 浓度较高或 NAA 浓度较高均不利于白桦悬浮培养细胞中三萜物质的积累。这与固体培养时的结果相一致，说明 6-BA 和 TDZ 更有利于白桦愈伤组织的三萜物质的积累。

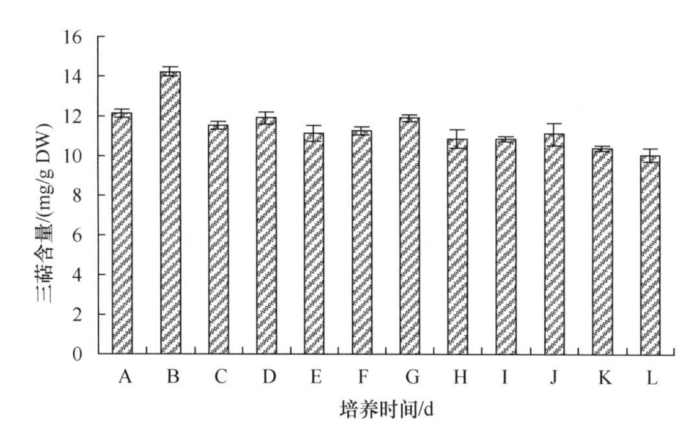

图 3-15　不同激素配比对白桦悬浮培养细胞中三萜物质含量的影响

A. TDZ 0.2ml/L+6-BA 0.2ml/L; B. TDZ 0.2ml/L+6-BA 0.4ml/L; C. TDZ 0.4ml/L+6-BA 0.2ml/L; D. TDZ 0.4ml/L+6-BA 0.4ml/L；E. TDZ 0.6ml/L+6-BA 0.2ml/L；F. TDZ 0.6ml/L+6-BA 0.4ml/L；G. NAA 0.4ml/L+6-BA 0.4ml/L；H. NAA 0.4ml/L+6-BA 0.8ml/L；I. NAA 0.4ml/L+6-BA 1.2ml/L；J. NAA 0.8ml/L+6-BA 0.4ml/L；K. NAA 0.8ml/L+6-BA 0.8ml/L；L. NAA 0.8ml/L+6-BA 1.2ml/L

3.2.5 小结

1）不同形态的愈伤组织悬浮培养试验表明：致密型愈伤组织的鲜重积累量要高于松散型愈伤组织，而松散型愈伤组织细胞中三萜物质含量高于致密型愈伤组织。

2）不同接种量悬浮培养试验表明：10g/L 的接种量时悬浮培养的细胞鲜重增长率最好；同时 10g/L 的接种量细胞中三萜物质积累量最高。

3）不同培养基悬浮培养试验表明：B_5 培养基最有利于悬浮培养细胞鲜重的积累；而 NT 培养基对细胞中三萜物质的积累最好。

4）不同激素配比悬浮培养试验表明：0.4mg/L NAA +0.8mg/L 6-BA 组合对悬浮培养细胞鲜重的增长最有利；而在所有激素组合中 0.4mg/L 6-BA +0.2mg/L TDZ 培养的愈伤组织中三萜物质含量最高。

3.3 白桦悬浮细胞培养过程中细胞生长和三萜积累的动力学分析

在植物细胞培养生产次级代谢物的过程中，研究细胞生长规律和次生代谢物的积累规律，对于植物细胞培养的进一步放大，提高次生代谢产物的产率等方面具有重要意义[13]。本研究在白桦悬浮细胞培养体系优化的基础上，分析白桦悬浮细胞生长与三萜积累的动力学关系，发现白桦悬浮细胞培养过程中三萜的产量与细胞生物量是相偶联的，随着生物量的增加三萜产量呈增长趋势，但白桦悬浮细胞的比生长速率在 12d 时达到最高，为 0.18，而在第 9 天三萜合成速率和比合成速率达到最高值，分别为 0.73mg/g 和 0.06。可见，白桦三萜的合成与细胞生长不同步，三萜主要在细胞快速生长前期合成。同样，Thanh 等的研究也发现：人参（ginseng）细胞的生长与皂苷的积累不同步[14]。可见，在确定植物细胞生长与次生代谢物的积累规律时，要明确细胞生长与次生代谢物的含量还是产量的关系，次生代谢物含量或产量与细胞生长得出的规律可能完全不同。

另外，在植物细胞生产次生代谢物的过程中，细胞对培养液营养成分的消耗动态直接影响细胞的生长和次生代谢物的合成[15, 16]。在一个培养周期内，分析白桦悬浮细胞内和培养液中主要营养成分的变化，对白桦细胞在液体环境下的生长状况进行较为全面的分析。在白桦细胞培养的一个周期内，白桦细胞对营养成分的消耗进程与其生长进程的 3 个阶段是吻合的，与细胞的生长是一致的。随着细胞快速生长，培养基中的蔗糖、离子等营养物质开始被细胞大量吸收利用，此时细胞内这些营养成分的含量逐渐升高，但随着细胞进入快速生长阶段，细胞内这些营养成分也被大量消耗。同时，发现在白桦三萜比合成速率最高的第 9 天，白桦培养液中的营养物质已基本被 NO_3^-、NH_4^+和 PO_4^{3-}消耗掉。可见培养液和细胞中营养成分的不足限制了白桦细胞的进一步增殖和白桦三萜的合成。该结果为进一步提高白桦悬浮细胞中的三萜含量提供了营养成分依据[17]。

3.3.1　白桦悬浮细胞培养中三萜积累的变化

在激素种类和浓度、培养基种类和接种量都优化的基础上，考察一个培养周期内白桦细胞的生长和三萜积累的变化（图 3-16）。发现在一个培养周期内，白桦细胞的干重呈增加趋势。其中，0~9d 干重积累缓慢，增长率为 38.1%，9~15d 干重显著增加，增长率为 168.7%，15~24d 干重积累缓慢，增长率为 28.3%。白桦悬浮细胞内的三萜含量在一个培养周期内呈现先升高后降低的趋势。其中，三萜含量在培养的第 9 天达到最大值，为 14.3mg/g DW。 而三萜产量的变化趋势与干重积累相似，3~15d 三萜产量呈显著增加趋势，15d 后产量增加缓慢。

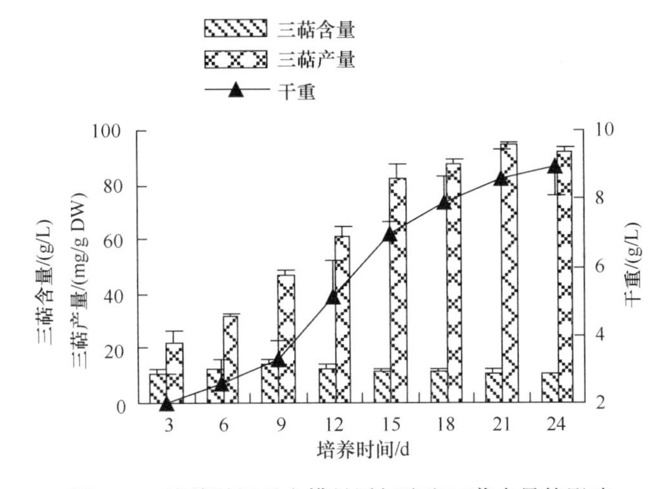

图 3-16　培养时间对白桦悬浮细胞和三萜含量的影响

3.3.2　白桦悬浮细胞生长与三萜积累的动力学分析

为了进一步考察白桦悬浮细胞生长规律和细胞合成三萜的规律，计算了培养过程中细胞的生长速率（$dC_x/dt \approx \Delta C_x/\Delta t$）、比生长速率[$\mu \approx \Delta C_x/(C_x \times \Delta t)$]、三萜合成速率（$\gamma_Q = dZ/dt \approx \Delta Z/\Delta t$）和比合成速率（$Z_{Q/X} = \gamma_Q / Z$）（其中，$t$ 为时间；x 为细胞质量；Z 为三萜含量；Q 为三萜合成速率），结果如图 3-17 所示。在一个培养周期内，白桦细胞的生长速率与比生长速率变化趋势相同，3~12d 为上升趋势，15~24d 为下降趋势，其中在 12d 比生长速率达到最高，为 0.18。三萜合成速率与比合成速率的变化趋势与细胞生长规律不一致，最高值提早到第 9 天，分别为 0.73mg/(g·d)和 0.06，而在细胞生长最快的第 12 天，三萜合成速率和比合成速率为最低点。

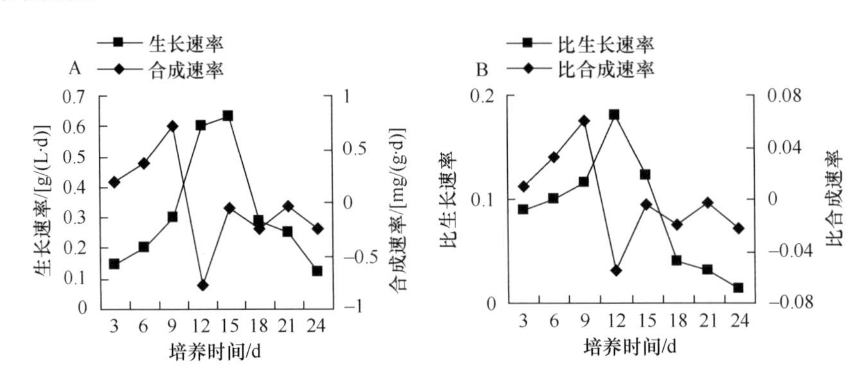

图 3-17　白桦悬浮细胞生长和三萜积累的动态变化

3.3.3　白桦细胞悬浮培养过程中主要营养成分的分析

3.3.3.1　白桦悬浮细胞培养过程中糖含量的动态变化

糖类在植物细胞培养中具有重要作用，为细胞生长提供能量，也为初级、次级代谢物合成提供碳架，同时对渗透压的调节有一定作用。因此，考察各种糖类在培养过程中的转化、吸收是比较有意义的。在前面的研究中发现，蔗糖对白桦愈伤组织中三萜类物质的积累最为有利，因此，蔗糖是白桦悬浮细胞生长代谢的主要碳源。

在一个培养周期内，由白桦悬浮细胞及其培养液中的糖含量变化趋势可以看出（图 3-18），白桦悬浮细胞接种到培养液后的前 9d，培养液中的蔗糖已基本被细胞吸收和利用。而蔗糖水解的产物葡萄糖和果糖的变化趋势与蔗糖不同，呈现 0~6d 为升高趋势，6~15d 为降低趋势，15d 后已基本被细胞吸收和利用。其中，果糖在第 3 天含量最高，为 7.4g/L；葡萄糖在第 6 天含量最高，为 6.5g/L；白桦细胞内的葡萄糖与果糖含量变化趋势与培养液中的基本一致，0~9d 为升高趋势，9~15d 为降低趋势，15d 后含量维持在一定浓度上。其中，果糖和葡萄糖含量在第 6 天达到最大值，分别为 104.9mg/g 和 113.5mg/g。

3.3.3.2　白桦悬浮细胞培养过程中 NO_3^-和 NH_4^+的动态变化

在植物组织培养中，NO_3^-和 NH_4^+是植物细胞生长代谢氮的主要来源，调节培养基中氨态氮和硝态氮的比例或者改变总氮浓度都可显著影响植物离体培养过程中次生代谢物的生物合成。白桦悬浮细胞及其培养液中的 NO_3^-和 NH_4^+含量的动态变化如图 3-19 所示，在培养的前 9d，培养液中的 NO_3^-和 NH_4^+含量急剧降低，分别从 1221.6mg/L 和 185.0mg/L 降低到 102.6mg/L 和 5.6mg/L，而且 NH_4^+下降的幅度大于 NO_3^- 。9d 后，培养液中的 NO_3^-和 NH_4^+含量分别保持在

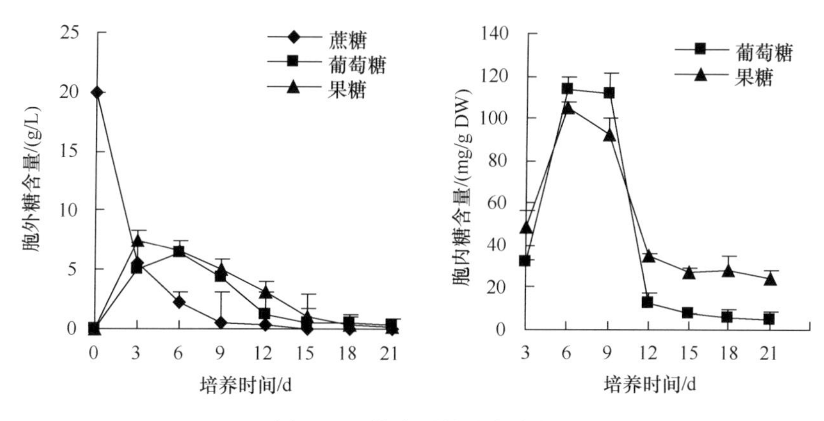

图 3-18 糖含量的动态变化

50.9~72.5mg/L 和 2.5~4.4mg/L。随着培养液中 NO_3^-和 NH_4^+含量的降低，细胞内的 NO_3^-和 NH_4^+含量呈先升高后降低的趋势。其中，NH_4^+含量在第 3 天达到最大值，为 1.3mg/g；NO_3^-含量在第 6 天到达最大值，为 2.0mg/g，可见白桦细胞对 NH_4^+的吸收快于 NO_3^-。

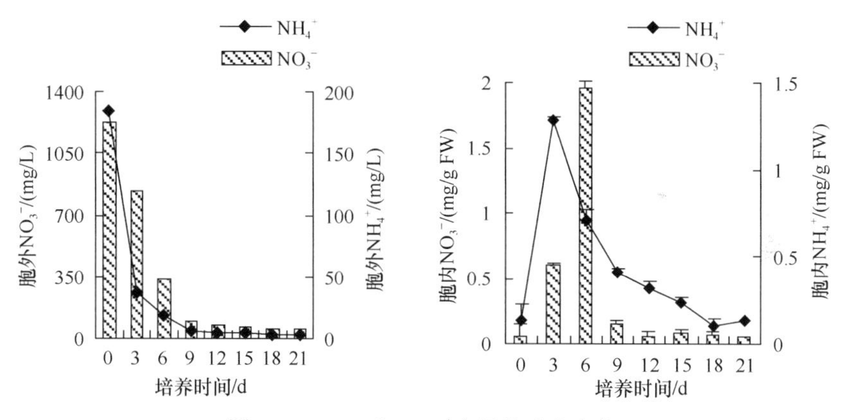

图 3-19 NO_3^-和 NH_4^+含量的动态变化

3.3.3.3 白桦悬浮细胞培养过程中 PO_4^{3-}的动态变化

PO_4^{3-}是植物细胞内重要的营养成分之一，参与了核苷酸、DNA、RNA、磷酸化糖和蛋白质等的形成，是植物细胞内萜类和甾类物质合成途径的中间组分。白桦悬浮细胞及其培养液中的 PO_4^{3-}含量的动态变化如图 3-20 所示，在一个培养周期内，培养液中的 PO_4^{3-}含量呈降低趋势，而白桦悬浮细胞内的 PO_4^{3-}含量为先升高后降低趋势。在细胞培养的前 12d，培养液中的 PO_4^{3-}含量从 91.0mg/L 降低到 8.9mg/L，12d 后 PO_4^{3-}含量维持在 6.1~8.9mg/L。白桦细胞内的 PO_4^{3-}含量在细胞培养的第 6 天达到最大值，为 14.8mg/g FW，随着培养时间的延长，PO_4^{3-}含量变幅很小，在 21d 积累量最低，为 4.4mg/L。

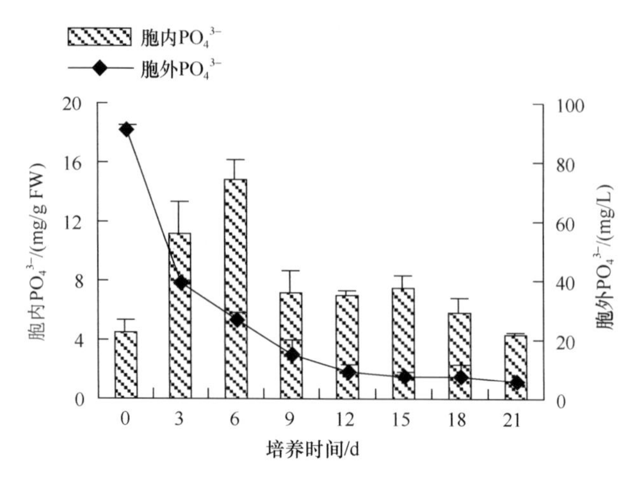

图 3-20 PO_4^{3-}含量的动态变化

3.3.4 小结

1）在一个培养周期内（24d），白桦悬浮细胞培养过程中三萜的产量与细胞生物量是相偶联的，随着生物量的增加三萜产量呈增长趋势。其中，白桦细胞在第12天比生长速率达到最高，为0.18，三萜合成速率和比合成速率在第9天达到最高值，分别为0.73mg/g和0.06。

2）在白桦细胞培养的一个周期内，培养液中的蔗糖、NO_3^-、NH_4^+和PO_4^{3-}在细胞培养的第9天基本上被消耗，而细胞内的营养物质消耗，除NH_4^+在第3天达到最高值外，其他营养成分均在第6天达到最大值。由此可推断，培养液中营养成分的不足限制了细胞的快速增殖和三萜含量的提高。

参 考 文 献

[1] 叶银英, 何道伟, 叶文才, 等. 23-羟基桦木酸体外和体内抗黑色素瘤作用的研究. 中国肿瘤临床与康复, 2000, 7(1): 5

[2] Chintharlapalli S, Papineni S, Ramaiah S K, et al. Betulinic acid inhibits prostate cancer growth through inhibition of specificity protein transcription factors. Cancer Research, 2007, 67: 2816-2823

[3] Alakurtti S, Taru M K, Salme K, et al. Pharmacological properties of the ubiquitous natural product betulin. European Journal of Pharmaceutical Sciences, 2006, 29: 1-13

[4] 蔡唯佳, 祁逸梅, 牛永东, 等. 白桦脂醇对食管癌细胞EC109的抑制作用. 癌变·畸变·突变, 2006, 18(1): 16-18

[5] 李岩, 金雄杰, 谢湘林, 等. 白桦三萜类物质抗黑色素瘤B16、S180肉瘤作用及其机制的实验研究. 中国药理学通报, 2000, 16(3): 279-281

[6] 张晶, 张秀娟, 凌莉莉. 桦木酸和2,3-羟基桦木酸抗肿瘤作用机制的研究进展. 亚太传统医药, 2008, 4(1): 62-64

[7] 王博, 范桂枝, 詹亚光, 等. 不同碳源对白桦愈伤组织生长和三萜积累的影响. 植物生理学通讯, 2008, 44(1): 97-99

[8] 尹静, 詹亚光, 李新宇, 等. 不同树龄白桦的不同器官及其组培苗诱导的愈伤组织中白桦脂醇和齐墩果酸的分布和含量变化. 植物生理学通讯, 2009, 45(6): 610-614

[9] 黄珊珊, 高英, 李卫民, 等. 分光光度法测定紫菀中总三萜类成分的含量. 时珍国医国药, 2008, 6: 1406-1407

[10] 洪艳平, 尹忠平, 上官新晨, 等. 光皮木瓜总三萜化合物提取和含量测定. 江西农业大学学报, 2007, 2: 225-229

[11] 戴雪梅, 华玉伟, 李哲. 植物悬浮细胞培养的关键技术及存在问题. 热带生物学报, 2013, (4): 381-385

[12] 刘群, 李天祥, 李庆和. 药用植物细胞悬浮培养产生次生代谢物的研究进展. 天津中医药大学学报, 2014, 33(6): 375-377

[13] 王莉, 史玲玲, 刘玉军, 等. 不同光质对长鞭红景天悬浮细胞生长及苯丙氨酸解氨酶活性的影响. 林业科学, 2007, 43(6): 52-56

[14] Thanh N T, Murthy H N, Yu K W, et al. Effect of oxygen supply on cell growth and saponin production in bioreactor cultures of *Panax ginseng*. Journal of Plant Physiology, 2006, 163(12): 1337-1341

[15] Azevedo H, Dias A, Tavares R M. Establishment and characterization of *Pinus pinaster* suspension cell cultures. Plant Cell Tiss Organ Cult, 2008, 93: 115-121

[16] 董诚明, 苏秀红, 王伟丽, 等. 氮碳源对冬凌草再生植株生长及次生代谢产物的影响. 西北植物学报, 2009, 29(3): 494-498

[17] 范桂枝, 翟俏丽, 于海娣, 等. 白桦细胞悬浮培养产三萜及其营养成分消耗的动态. 林业科学, 2011, 47(1): 62-67

4 内生真菌诱导子对白桦悬浮细胞生长和三萜积累的影响

真菌诱导子能有效促进植物次生代谢产物的积累[1, 2]，其作用效果与细胞的生长阶段[3,4]、诱导子的浓度和作用时间等多种因素有关[5-7]，本研究结果表明，白桦悬浮细胞在生长初期（3d）、指数生长期（8d）和生长末期（13d）对真菌诱导子的响应不同，其中指数生长期白桦细胞对真菌诱导子的响应程度高于其他两个时间段，三萜含量增长了78%，产量增长了62%；不同浓度的诱导子作用效果也不同，40μg/ml和100μg/ml诱导子适合于生长初期和指数生长期细胞的诱导，而400μg/ml的诱导子对生长末期细胞的诱导效果好；在指数生长期细胞的诱导中时间效应最为明显，诱导1d效果较好，3d反而不利于三萜的积累。综合上述影响因子，最佳诱导条件为向指数生长期的白桦细胞中添加40μg/ml的真菌诱导子诱导1d，诱导后细胞中的三萜含量达29.47mg/g，比对照增长了78%。究其原因可能为：①生长初期的细胞由于刚接入新营养液，处于适应期，真菌诱导对其生长和代谢损伤可能较大，此阶段的细胞不易受到诱导，较高浓度的诱导子可能抑制了细胞内正常的酶活和代谢反应，反而不利于次生代谢产物的积累。②指数生长期的细胞处于生长和代谢旺盛期，次生代谢产物积累较快，未受诱导的细胞培养11d三萜含量达到最高峰。这个时期的细胞最容易接受诱导，这也与其他学者的报道一致[3, 4]，研究人员发现此阶段低浓度诱导子短期的诱导效果较好，高浓度诱导子处理3d反而抑制了三萜的积累。③生长末期细胞密度较大，各种代谢活动减弱，培养基中积累的一些代谢产物对细胞的生长不利，因此三萜的积累较低，但由于干重积累较多，三萜的产量反而高于前两个阶段。这个阶段的细胞接受诱导的能力减弱，高浓度较长时间的诱导效果较好。

4.1 促进白桦悬浮细胞中三萜积累的真菌诱导子的筛选和鉴定

4.1.1 真菌诱导子的筛选

将从白桦树皮中分离得到的58种内生真菌制备成诱导子添加到白桦悬浮细胞培养体系中，考察诱导子对白桦细胞生长和三萜积累的影响，结果如表4-1所示。多数内生真菌诱导子显著抑制了白桦悬浮细胞干物质的积累，但抑制程度有所不同，其中 BE10、BE7、BE13、BE1 号真菌诱导子对干物质的积累抑制程度较大，尤其是 BE10 处理的细胞干重与对照相比减少了 46.61%。而 BE17 等 8 种菌种对干物质的积累没有显著影响，而 BE47、BE46 和 BE50 反而显著促进了干物质的积累，但最多只增长了 6.49%。次生代谢物是植物在逆境条件下产生的一种保护剂或废弃物，培养液中次生代谢物积累至一定量会对细胞产生毒性，从而抑制细胞生长。一些真菌诱导子也促进了细胞的生长，可能是因为这些真菌在短期内还未对细胞造成损伤，真菌中的多糖等物质反而能作为营养物质促进细胞的生长，随诱导时间延长，对细胞生长产生抑制作用。诱导子抑制细胞生长也见于其他报道，如 Ketchum 等在紫杉醇悬浮细胞的指数生长末期添加 40mg/L 的真菌诱导子 *Aspergillus niger*，紫杉醇含量明显增加，但诱导子明显抑制了细胞的生长，并使细胞活力降低[8]。也有学者认为诱导子抑制细胞的生长反而有利于次生代谢产物的合成，Fu 和 Lu 研究真菌对 *Arnebia euchroma* 的影响时指出诱导子可能抑制了初生代谢而有利于次生代谢物的积累[9]。

表 4-1　58 种内生真菌诱导子对白桦悬浮细胞生长和三萜积累的影响

菌种	干重/（g/L）	三萜含量/（mg/g）	三萜产量/（mg/L）	三萜产量相对增长率/%
对照	3.39±0.0100	1.65±0.0570**	5.60±0.4013**	0.00
BE1	2.78±0.0153**	0.48±0.0198**	1.33±0.0479**	–76.25
BE2	2.89±0.0173**	0.83±0.0715**	2.40±0.1793**	–57.14
BE3	3.21±0.0115**	0.95±0.0057**	3.05±0.0184*	–45.54
BE4	2.83±0.0252**	1.16±0.0445**	3.28±0.1122**	–41.43
BE5	2.93±0.0208**	1.18±0.0456**	3.46±0.1178**	–38.21
BE6	3.28±0.0200**	1.08±0.0057**	3.54±0.0248**	–36.79
BE7	2.06±0.0208**	1.78±0.0523	3.67±0.0985**	–34.46
BE8	2.93±0.0153**	1.28±0.0395**	3.75±0.1018**	–33.04
BE9	2.93±0.0153**	1.29±0.0411**	3.78±0.1058**	–32.50
BE10	1.81±0.0115**	2.21±0.0151**	4.00±0.0323**	–28.57
BE11	3.07±0.0200**	1.31±0.0741**	4.02±0.1984**	–28.21
BE12	2.89±0.0100**	1.42±0.0741**	4.10±0.1860**	–26.79
BE13	2.30±0.0115**	1.80±0.0151	4.14±0.0351**	–26.07
BE14	3.44±0.0404	1.29±0.0296**	4.44±0.0993**	–20.71
BE15	2.98±0.0100**	1.52±0.0989	4.53±0.2557**	–19.11
BE16	3.22±0.0153**	1.43±0.0399*	4.60±0.1130**	–17.86
BE17	3.33±0.0153	1.39±0.0206**	4.62±0.0621**	–17.50
BE18	3.17±0.0115**	1.50±0.0249	4.76±0.0698**	–15.00
BE19	2.84±0.0404**	1.73±0.0497	4.91±0.1366**	–12.32
BE20	2.89±0.0265**	1.75±0.0356	5.06±0.0977**	–9.64
BE21	3.39±0.0100	1.52±0.0356	5.15±0.1054**	–8.04
BE22	3.06±0.0173**	1.71±0.0318	5.23±0.0880**	–6.61
BE23	3.39±0.0265	1.54±0.0374	5.22±0.1154**	–6.79

续表

菌种	干重/（g/L）	三萜含量/（mg/g）	三萜产量/（mg/L）	三萜产量相对增长率/%
BE24	2.93±0.0153**	1.85±0.0507	5.42±0.1311**	−3.21
BE25	3.02±0.0115**	1.86±0.0171	5.62±0.0485**	0.36
BE26	3.22±0.0651**	1.81±0.0822	5.83±0.2513**	4.11
BE27	3.17±0.0173**	1.84±0.0296	5.83±0.0859**	4.11
BE28	3.22±0.0252**	1.84±0.0228	5.92±0.0753**	5.71
BE29	3.22±0.0058**	1.99±0.0356**	6.41±0.0999**	14.46
BE30	3.17±0.0321**	2.05±0.0453**	6.48±0.1366**	15.71
BE31	3.12±0.0058**	2.09±0.0099**	6.50±0.0286**	16.07
BE32	3.06±0.0416**	2.16±0.0658**	6.52±0.1907**	16.43
BE33	3.22±0.0153**	2.07±0.0228**	6.67±0.0693**	19.11
BE34	3.22±0.0351**	2.20±0.0411**	7.08±0.1329**	26.43
BE35	3.11±0.0265**	2.28±0.0431**	7.09±0.1272**	26.61
BE36	3.17±0.0265**	2.25±0.0206**	7.13±0.0764**	27.32
BE37	3.17±0.0351**	2.33±0.0057**	7.39±0.0725**	31.96
BE38	3.17±0.0252**	2.46±0.0604**	7.80±0.1740**	39.29
BE39	3.22±0.0153**	2.42±0.0507**	7.79±0.1451**	39.11
BE40	3.17±0.0153**	2.48±0.2667**	7.86±0.7321**	40.36
BE41	3.01±0.0058**	2.62±0.0099**	7.89±0.0289**	40.89
BE42	3.28±0.0200**	2.47±0.0635**	8.10±0.1854**	44.64
BE43	3.28±0.0321**	2.49±0.0296**	8.17±0.1090**	45.89
BE44	3.12±0.0058**	2.70±0.0497**	8.42±0.1349**	50.36
BE45	2.94±0.0208**	2.90±0.0570**	8.53±0.1545**	52.32
BE46	3.61±0.0100**	2.39±0.0635**	8.63±0.1996**	54.11
BE47	3.50±0.0265**	2.46±0.0748**	8.61±0.2336**	53.75
BE48	3.44±0.0208	2.59±0.0809**	8.91±0.2456**	59.11
BE49	3.44±0.0058	2.71±0.0206**	9.32±0.0628**	66.43
BE50	3.61±0.0265**	2.77±0.1202**	9.99±0.3810**	78.39
BE51	2.95±0.0173**	3.58±0.0840**	10.56±0.2212**	88.57
BE52	3.12±0.0351**	3.40±0.0712**	10.61±0.2183**	89.46
BE53	3.12±0.0153**	3.45±0.0604**	11.06±0.1692**	97.50
BE54	3.33±0.0208	3.32±0.0374**	11.05±0.1234**	97.32
BE55	3.17±0.0265**	3.67±0.0658**	11.63±0.1992**	107.68
BE56	3.12±0.0321**	4.54±0.0302**	14.16±0.1504**	152.86
BE57	3.33±0.0115	4.39±0.0206**	14.62±0.0738**	161.07
BE58	3.28±0.0100**	4.85±0.0896**	15.91±0.2580**	184.11

注：三萜产量（mg/L）=三萜含量（mg/g）×干重积累（g/L），下同

**表示与对照相比在 $p<0.01$ 水平下相关性达到极显著；*表示在 $p<0.05$ 水平下相关性达到显著，下同

不同真菌诱导子对白桦细胞中三萜的积累影响也不同，在 58 种真菌诱导子中，BE58、BE56、BE57 等 31 种菌种显著促进了三萜的积累，诱导后三萜含量增长了 20.61%（BE29）~193.94%（BE58），而 BE25 等 14 种菌种对三萜的积累没

有显著影响，BE1、BE2 等 13 种菌种反而抑制了三萜的积累，诱导后三萜含量减少了 13.33%（BE16）~70.91%（BE1）。真菌诱导子促进植物次生代谢产物积累的效果依赖于真菌与植物复杂的相互作用，植物是通过特异的受体来识别诱导信号的，植物对不同种类诱导子的特异性选择在很大程度上依赖于这种受体对各种诱导子的特异性选择和识别诱导信号后所激发的信号转导途径。不同诱导子诱导效果的差异也见于其他学者的研究，如 Wang 等研究发现不同的真菌诱导子对酵母 *Xanthophyllomyces dendrorhous* 中胡萝卜素合成的诱导效果不同，其中 30mg/L 的高大毛霉 *Mucor mucedo* 效果最好[10]。

三萜产量由细胞的生长情况（干物质的积累情况）和细胞合成三萜的能力共同决定，而三萜的产量是衡量诱导子诱导效果的关键指标。从表 4-1 中可以看出，对照组细胞中三萜的产量为 5.60mg/L，BE58、BE57、BE56 等 34 种菌种显著增加了细胞中三萜的产量，其中 BE58 菌种诱导后三萜产量最高，达到 15.91mg/L，比对照增长了 184.11%，而 BE1 等 24 种菌种诱导后三萜产量低于对照，其中 BE1 菌种诱导后三萜产量降到最低，为 1.33mg/L，减少了 76.25%。根据三萜的总产量与对照相比的增长率筛选出诱导效果最好的真菌诱导子是 BE58。

4.1.2　E58 诱导白桦三萜合成的 HPLC 分析

进一步对白桦悬浮细胞真菌诱导前后的三萜组分采用 HPLC 分析发现，白桦悬浮细胞中含有白桦脂醇，它是五环三萜类物质，并表现出由 BE58 菌株制备的真菌诱导子显著提高了白桦悬浮细胞中白桦脂醇的含量，比对照增加了 4~5 倍（图 4-1）。

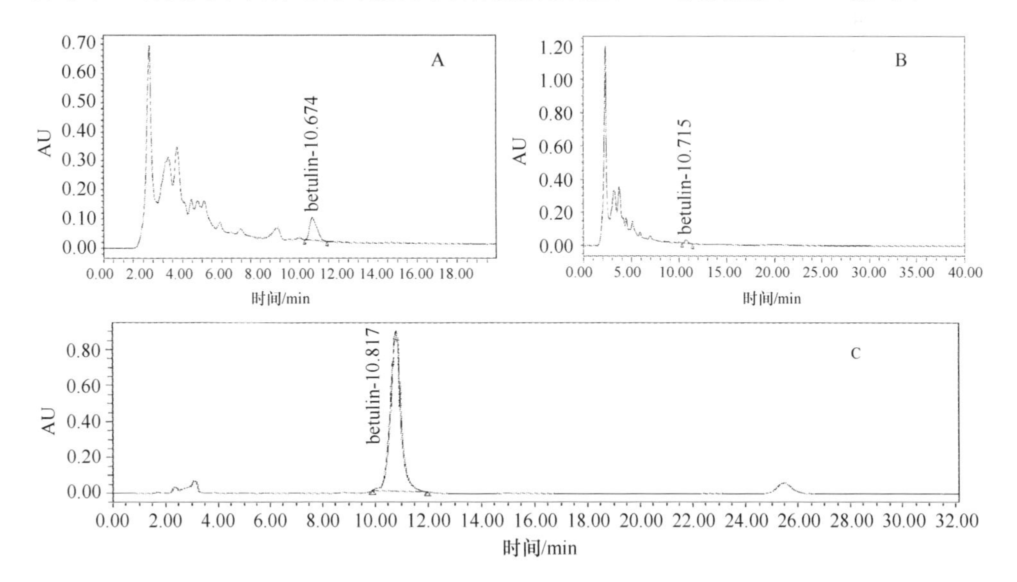

图 4-1　白桦脂醇的色谱图

A. 添加真菌诱导子；B. 对照；C. 标准品图

4.1.3 BE58 菌种鉴定

BE58 菌株在马铃薯葡萄糖琼脂培养基（PDA）上生长良好，在 25℃条件下生长较快，一般 5~7d 长满 90mm 的平板。最初（1~3d）产生一层无色、透明、湿润的基生菌丝，气生菌丝很少且稀疏，3~4d 后长出浓密的毡状或棉絮状的气生菌丝，白色（图 4-2A），40d 菌落为淡灰色或褐灰色并产生成熟的孢子，释放出成团的橘黄色黏稠状溢出物（图 4-2B），其孢子形态为长椭圆形或长纺锤形（图 4-2C），符合拟茎点霉属（*Phomopsis*）真菌的形态特征。

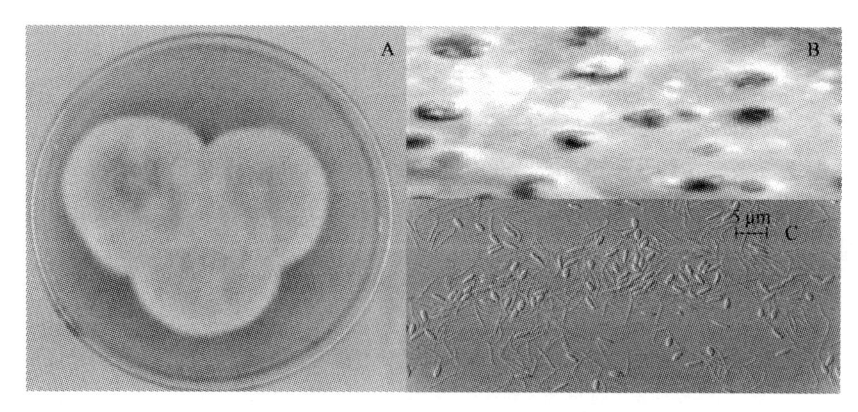

图 4-2 BE58 菌落形态图和孢子图

A. 培养 7d 的菌落；B. 培养 40d 的菌落；C. 孢子图

提取菌种的 DNA，用核糖体基因内转录间隔区（IST）通用引物进行 PCR 扩增，测定 PCR 产物的全序列，并用生物信息学的方法在 NCBI 上比对测序结果，鉴定结果：BE58 为拟茎点霉属。

4.2 真菌诱导子与白桦悬浮细胞共培养体系的优化

4.2.1 真菌诱导子对生长初期白桦悬浮细胞中三萜积累的影响

将 40μg/ml、100μg/ml、400μg/ml 3 种浓度的真菌诱导子添加到培养 3d 的白桦悬浮细胞培养体系后，细胞中三萜的含量和总产量如表 4-2 所示，诱导子处理 1d 和 2d 后细胞的干重与对照相比变化不显著，而处理 3d 后干重分别由对照的 1.83g/L 降低至 1.17g/L、1.25g/L 和 1.33g/L，差异达到显著水平，其中 40μg/ml 的诱导对干重积累抑制程度最大，仅是对照的 64%。

白桦三萜的含量和产量对真菌诱导子的诱导浓度和诱导时间的响应程度不同，随着 40μg/ml 诱导子处理时间的延长，三萜含量和产量呈增长趋势，在处理

表 4-2　真菌诱导子对生长初期细胞的影响

处理		指标		
诱导时间/d	诱导子浓度/（μg/ml）	干重/（g/L）	三萜含量/（mg/g）	三萜产量/（mg/L）
1	0	1.17±0.00a	17.00±0.05b	19.84±0.05ab
1	40	1.17±0.00a	17.36±0.07b	20.26±0.07ab
1	100	1.22±0.09a	19.45±0.01a	23.77±1.87a
1	400	1.22±0.09a	12.73±0.07c	15.56±0.06b
2	0	1.44±0.19a	15.29±0.08b	22.08±2.95ab
2	40	1.39±0.09a	17.42±0.12a	24.19±1.68a
2	100	1.33±0.17a	13.97±0.03c	18.63±2.69bc
2	400	1.28±0.10a	12.78±0.01d	16.32±1.23c
3	0	1.83±0.17a	15.77±0.01b	28.91±1.52a
3	40	1.17±0.33c	27.97±0.43a	32.64±5.40a
3	100	1.25±0.12bc	16.04±0.24b	20.05±1.56b
3	400	1.33±0.00b	14.91±0.01c	19.88±0.01b

注：三萜产量（mg/L）=三萜含量（mg/g）×干重（g/L），下同。表中数据为平均值±标准差，n=3；数据经过 Tukey 分析；同列相同诱导时间数据后的不同字母表示不同处理间差异显著（p<0.05），下同

3d 后分别达到 27.97mg/g 和 32.64mg/L，而随着 100μg/ml 和 400μg/ml 真菌诱导子处理时间的延长，三萜含量和产量基本上都低于对照。由此可见，40μg/ml 诱导子有利于生长初期细胞中三萜的合成。

4.2.2　真菌诱导子对指数生长期白桦悬浮细胞中三萜积累的影响

在白桦悬浮细胞培养的第 8 天，分别加入 40μg/ml、100μg/ml、400μg/ml 3 种浓度的真菌诱导子后，细胞中三萜的含量和总产量如表 4-3 所示，细胞干重积累呈下降趋势。其中，400μg/ml 诱导子处理 2d 后，干重降幅最大，由对照的 2.50g/L 降为 1.33g/L，降低了 47%。

不同的诱导处理对白桦三萜含量和产量的影响不同，诱导 1d 后，三萜含量和产量均呈增长趋势，40μg/ml 诱导子处理使三萜含量由对照的 16.52mg/g 增长到 29.47mg/g，提高了 78%，增幅最大。随着诱导时间的延长，100μg/ml 和 400μg/ml 诱导子抑制了三萜产量的积累，与同期对照相比差异显著，而 40μg/ml 诱导子处理 3d 后三萜产量达到最大值（75.65mg/L），比同期对照增长了 41%。可见，此阶段最好的诱导条件是添加 40μg/ml 诱导子诱导 1d。

表 4-3 真菌诱导子对指数生长期细胞的影响

处理		指标		
诱导时间/d	诱导子浓度/（μg/ml）	干重/（g/L）	三萜含量/（mg/g）	三萜产量/（mg/L）
1	0	1.39±0.41a	16.52±0.24d	22.94±3.19c
1	40	1.11±0.25a	29.47±0.11a	32.74±2.84a
1	100	1.50±0.17a	24.83±0.13b	37.25±2.40a
1	400	1.28±0.10a	20.63±0.04c	26.36±0.04b
2	0	2.50±0.24a	19.21±0.32c	48.03±3.76a
2	40	2.17±0.00a	23.55±0.25a	51.02±0.44a
2	100	1.42±0.12b	21.29±0.082b	30.16±2.05b
2	400	1.33±0.00b	18.20±0.17d	24.27±0.18c
3	0	2.17±0.00ab	24.80±0.12b	53.73±0.21b
3	40	2.83±0.00a	26.70±0.06a	75.65±0.16a
3	100	1.75±0.12b	20.71±0.30c	36.24±2.04c
3	400	1.75±0.12b	19.89±0.04d	34.81±1.91c

4.2.3 真菌诱导子对生长末期白桦悬浮细胞中三萜积累的影响

向培养 13d 的白桦悬浮细胞中分别添加 40μg/ml、100μg/ml、400μg/ml 真菌诱导子处理，结果如表 4-4 所示。100μg/ml 和 400μg/ml 诱导子分别处理 2d 和 3d 后均显著抑制了细胞干重的积累，其中 400μg/ml 诱导子处理 2d 后对干重的抑制程度最大，由对照的 5.08g/L 下降到 2.92g/L，降低了 43%。其他处理干重与对照的差异并不显著。

表 4-4 真菌诱导子对生长末期细胞的影响

处理		指标		
诱导时间/d	诱导子浓度/（μg/ml）	干重/（g/L）	三萜含量/（mg/g）	三萜产量/（mg/L）
1	0	3.92±0.12a	12.51±0.12b	49.01±1.27a
1	40	3.83±0.24a	12.67±0.33b	48.57±2.65a
1	100	3.83±0.00a	12.96±0.05b	49.68±0.15ab
1	400	2.67±0.24a	14.11±0.13a	37.61±2.73b
2	0	5.08±0.12a	12.76±0.04c	64.87±1.24a
2	40	4.58±0.12ab	13.21±0.18c	60.54±1.45ab
2	100	3.25±0.12bc	14.47±0.05b	47.02±1.40c
2	400	2.92±0.12c	18.08±0.13a	52.73±1.77bc
3	0	5.17±0.24a	12.50±0.05d	64.58±2.41a
3	40	4.75±0.12a	13.65±0.38c	64.84±1.97a
3	100	3.25±0.12b	18.59±0.14a	60.41±1.83a
3	400	3.17±0.24b	15.37±0.51b	48.68±3.24b

与白桦悬浮细胞的干重变化相反，诱导后细胞的三萜含量均呈上升趋势。其中 100μg/ml 诱导子诱导 3d 后三萜含量增幅最大，由对照的 12.50mg/g 升高到 18.59mg/g，增长了 49%。对于综合细胞干重和三萜含量的三萜产量而言，其变化却表现为：生长末期的细胞中三萜产量达到整个生长阶段的最大值，而诱导处理后三萜的产量反而降低，其中 40μg/ml 诱导子的影响并不明显，400μg/ml 的诱导处理均显著降低了三萜产量，而 100μg/ml 诱导处理 2d 后三萜产量降低最多，由对照的 64.87mg/L 降为 47.02mg/L，降低了 28%。

综合分析生长初期、指数生长期和生长末期的白桦悬浮细胞对真菌诱导子的响应情况，结果表明，白桦悬浮细胞在生长初期（3d）、指数生长期（8d）和生长末期（13d）对真菌诱导子的响应不同，其中指数生长期白桦细胞对真菌诱导子的响应程度高于其他两个时期的细胞，诱导后三萜含量增长了 78%，产量增长了 62%；不同浓度的诱导子作用效果也不同，40μg/ml 和 100μg/ml 诱导子适合于生长初期和指数生长期细胞的诱导，而 400μg/ml 诱导子对生长末期细胞的诱导效果好；时间效应在对指数生长期细胞的诱导中最为明显，诱导 1d 效果较好，3d 反而不利于三萜的积累。综合上述影响因子，最佳诱导条件为向指数生长期的白桦细胞中添加 40μg/ml 真菌诱导子诱导 1d，诱导后细胞中的三萜含量达 29.47mg/g，比对照增长了 78%。

4.3　结　　论

1）本实验将从白桦树皮中分离出的 58 株内生真菌制备成诱导子，分别添加到白桦悬浮细胞培养体系中，筛选有效促进白桦三萜积累的菌种。结果表明：在分离出的 58 株内生真菌中，BE58 菌株对白桦三萜合成的诱导效果最好，诱导后悬浮细胞中的三萜含量达到 4.85mg/g，增长了 193.94%，三萜产量达到 15.91mg/L，增长了 184.11%。对 BE58 菌株采用形态和分子生物学相结合的方法进行鉴定，该菌种为拟茎点霉属（*Phomopsis*）。

2）真菌诱导子的不同诱导方案均促进了白桦悬浮细胞中三萜的积累，而细胞干重积累却被抑制了，其中最佳诱导条件为向指数生长期的白桦细胞中添加 40μg/ml 真菌诱导子诱导 1d，诱导后细胞中的三萜含量达 29.47mg/g，比对照增长了 78%。

参 考 文 献

[1] Xu M J, Dong J F, Wang H Z, et al. Complementary action of jasmonic acid on salicylic acid in mediating fungal elicitor-induced flavonol glycoside accumulation of *Ginkgo biloba* cells. Plant Cell Environ, 2009, 32: 960-967

[2] Conceiçãoa L F R, Ferreres F, Tavares R M, et al. Induction of phenolic compounds in

Hypericum perforatum L. cells by *Colletotrichum gloeosporioides* elicitation. Phytochemistry, 2006, 67: 149-155

[3] Vasconsuelo A A, Giuletti A M, Picotto G, et al. Involvement of the PLC/PKC pathway in chitosan-induced anthraquinone production by *Rubia tinctorum* L. cell cultures. Plant Sci, 2003, 165: 429-436

[4] Kombrink E, Hahlbrock K. Responses of cultured parsley cells to elicitors from phytopathogenic fungi. Plant Physiol, 1986, 1: 216-221

[5] Namdeo A, Patil S, Fulzele D P. Influence of fungal elicitors on production of ajmalicine by cell cultures of *Catharanthus roseus*. Biotechnol Prog, 2002, 18: 159-162

[6] 刘长军, 侯嵩生, 李新明, 等. 真菌诱导子对悬浮培养西洋参细胞的生理效应. 武汉植物学研究, 1996, 14(3): 240-246

[7] Roewer I A, Colutier N, Nessier C L, et al. Transient induction of tryptophan decarboxylase and strictosidine synthase in cell suspension cultures of *Catharanthus roseus*. Plant Cell Rep, 1992, 11: 86-89

[8] Ketchum R E B, Gibson D M, Croteau R B, et al. The kinetics of taxoid accumulation in cell suspension cultures of *Taxus* following elicitation with methyl jasmonate. Biotechnol Bioeng, 1999, 62: 97-105

[9] Fu X Q, Lu D L. Stimulation of shikonin production by combined fungal elicitation and *in situ* extraction in suspension cultures of *Arnebia euchroma*. Enzyme Microbiol Technol, 1999, 24: 243-246

[10] Wang W J, Yu L J, Zhou P P. Effects of different fungal elicitors on growth, total carotenoids and astaxanthin formation by *Xanthophyllomyces dendrorhous*. Bioresource Technology, 2006, 97: 26-31

5 真菌诱导白桦三萜合成的营养生理研究

营养物质是植物维持生长和代谢需要所吸收或利用的营养元素。植物所需的营养，因需要量不同，分为大量元素和微量元素。大量元素包括 C、H、O、N、P、S、K、Ca、Mg 等，其中 C 为最基本元素，它是植物体内各种重要有机化合物的组成元素，如糖类、蛋白质、脂肪和有机酸等。N、P、K 三种大量元素由于在植物中需要的量较多，被称为植物营养三要素；微量元素包括铜、钼、锰、硼、氯、锌和铁等元素，虽然植物需求量很少，却是所有植物生长所必需的[1, 2]。

营养生理是指营养元素的生理功能，即营养元素的吸收、在体内的长距离和短距离运输，以及养分的分配等。同时，营养生理还指营养元素的再循环与再利用[2]。

另外，根据植物代谢过程中产生的代谢产物在体内的作用不同，可将代谢分成初生代谢与次生代谢两种类型。初生代谢产物（primary metabolites），如糖、蛋白质、氨基酸、脂类、核酸等是能使营养物质转换成细胞结构物质、维持细胞正常的生命活动或能量的代谢物质。次生代谢产物（secondary metabolites），如萜、黄酮和生物碱等是指植物体内的一大类细胞生命活动或植物生长发育正常运行非必需的小分子有机化合物，其产生和分布通常具有种属、器官、组织和生长发育期的特异性。在长期进化中，植物响应环境刺激，以初生代谢产物为底物，衍生出许多次生代谢产物，参与植物生理代谢的调节，协调植物与环境的关系[3]。

5.1 真菌诱导子对白桦悬浮细胞培养体系中 N、P 的吸收利用和三萜合成的影响

近年来，人们对真菌诱导子的诱导机制进行了广泛的研究，一般认为，调节连接初生代谢和次生代谢、次生代谢分支途径的关键酶的活性和酶量与特定的代谢途径的活化及相关产物的积累呈正相关。但上述反应最终受培养体系中营养物质的约束，而真菌诱导后营养物质的动态变化与次生代谢物产生的关系报道却极少，因此，本研究初步分析了真菌诱导后培养液和细胞内硝酸根、铵根、磷酸根质量分数的变化情况，分析氮源和磷源与真菌诱导白桦三萜合成的关系。

研究发现，以硝酸钾（950mg/L）、硝酸铵（825mg/L）和磷酸二氢钾（680mg/L）为氮源和磷源的白桦悬浮细胞，在真菌诱导后白桦细胞培养液中的硝酸根、铵根、磷酸根质量分数对真菌诱导子的响应基本呈增加趋势，同样，白桦细胞内的铵根量和硝酸根量随着真菌诱导时间的延长而增加，而细胞中的磷酸根在诱导后的

1~2d 却降低了。究其原因，研究发现真菌诱导子主要以糖成分加入白桦悬浮细胞培养体系，添加糖不仅给白桦细胞提供了碳源，更重要的是使细胞造成了渗透胁迫[4]，这种效应可以从真菌诱导后电导率的升高来说明。造成渗透胁迫的细胞，由于细胞生长缓慢造成细胞对营养物质的吸收能力下降，从而表现为培养液中营养物质的过剩。

氮和磷在细胞内是构成核酸、蛋白质和 ATP 等的结构性物质，是细胞生长所必需的。磷在细胞中是核酸与磷脂的组成成分，其中磷脂是膜结构的重要组成部分，同时磷也用于合成高能磷酸化合物，对细胞的能量代谢进行调节。Balague 和 Wilson [5]在利用恒化器研究长春花培养过程中细胞生长限制因子的实验中，发现生物碱的合成仅发生在磷限制生长时期，而不是蔗糖限制生长时期。Schiel 等[6]在烟草细胞培养过程中，运用分批流加技术使整个生长周期中细胞内的磷酸盐保持在较低的水平，从而大幅度提高了产物桂皮烯醛基丁二胺的量。同样本研究也发现，白桦三萜的诱导合成发生在细胞内低磷阶段。

氮源对调节植物培养物的生长发育和次生代谢物的生物合成具有显著作用。Rasmussen 等[7]的试验表明，内生真菌感染植物后不仅显著改变了寄主植物的初级和次级代谢物，而且改变了植物对有效养分的吸收和利用，特别是 C/N 发生了改变。本实验加入真菌诱导子之后，细胞内糖量增加，为了保持一定的 C/N，细胞内表现出不同程度的铵根和硝酸根质量分数的增加[8]。

由此可见，真菌诱导子诱导白桦细胞中三萜的积累可能还与培养液中的营养状态相关，此结论还需进一步研究加以证实。

5.1.1 真菌诱导子对白桦悬浮细胞生长和三萜合成的影响

在真菌诱导子诱导处理的 10d 内，白桦悬浮细胞的干重随着处理时间的增加表现为相对于对照逐渐降低的趋势（图 5-1A），其中，白桦细胞干重的积累量从第 2 天开始明显低于对照，到第 10 天降低幅度达到最大，比对照细胞的干重降低了 1.42g，降低率为 16.86%。

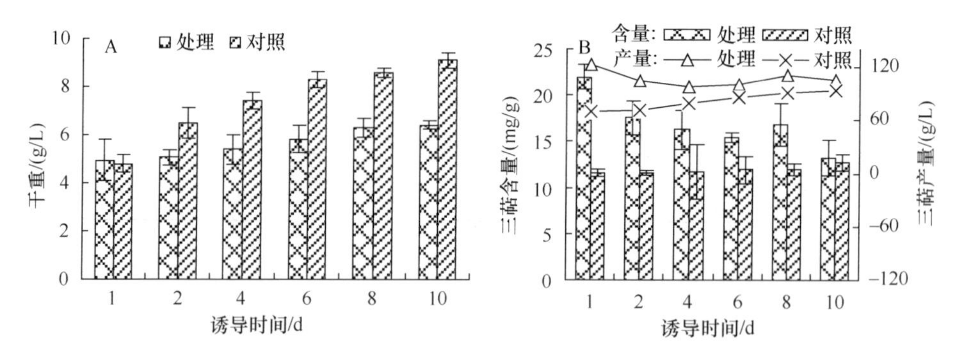

图 5-1 真菌诱导子对白桦悬浮细胞干重（A）和三萜合成（B）的影响

白桦细胞中三萜积累量对真菌诱导子的响应表现为，随着诱导时间的延长真菌诱导子刺激三萜积累量呈逐渐降低的趋势，三萜含量由对照的 11.57~12.78mg/g 变为13.29~21.99mg/g，三萜产量由对照的66.75~107.63mg/g变为93.07~123.82mg/g（图 5-1B）。其中，白桦三萜含量和三萜产量均于真菌诱导子诱导 1d 后达到最高，分别为 21.98mg/g 和 123.82g/L，约为对照的 2 倍。

5.1.2　真菌诱导子对白桦悬浮细胞培养液 pH 和电导率的影响

在真菌诱导子处理的 10d 内，白桦悬浮细胞培养液的 pH 表现为逐渐降低趋势（图 5-2）。其中，在真菌诱导子与白桦细胞共培养的第 1 天，真菌诱导使白桦悬浮细胞培养液的 pH 由对照的 5.46 变为 5.80，增长了 6.23%，进一步进行方差分析表明，pH 在真菌诱导处理与对照间的差异达到显著水平。在真菌诱导子诱导的 4d、6d、8d 和 10d 内，白桦悬浮细胞培养液的 pH 比对照水平分别降低了 2.86%、9.36%、0.11%和 0.90%。

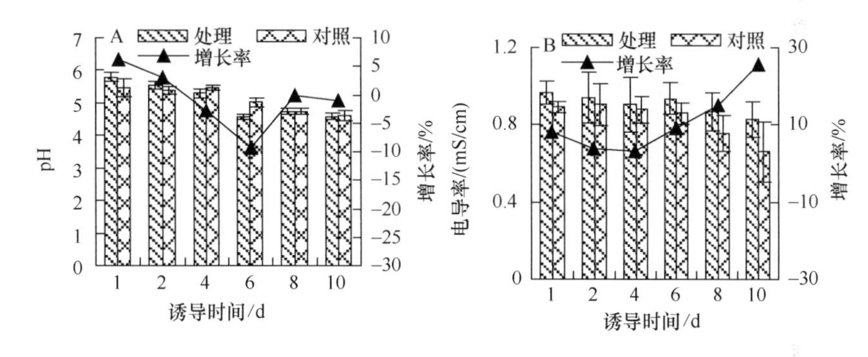

图 5-2　真菌诱导子对白桦悬浮细胞培养液 pH（A）和电导率（B）的影响

真菌诱导后电导率的变化趋势为先升高后降低再升高的趋势。与对照相比，在真菌诱导后的 1d 和 10d，培养液的电导率分别达到两个高峰，第 1 天比对照增加了 8.20%，第 10 天增加了 25.75%。

5.1.3　真菌诱导子对白桦细胞内外磷酸根、铵根、硝酸根浓度的影响

与对照相比，白桦细胞内的铵根含量和硝酸根含量随着真菌诱导时间的延长而增加（图 5-3）。铵根含量在第 4 天达到最大，比对照增加了 26.27%；硝酸根含量在第 4 天增加了 49.06%；而磷酸根浓度在诱导的第 1~2 天，分别比对照降低了 28.67%和 15.68%，而在诱导的第 4~10 天，却比对照增加了 0.7%~18.02%。

白桦细胞培养液中的硝酸根、铵根、磷酸根浓度对真菌诱导子的响应趋势基本呈先增加后降低趋势。其中，在处理后第 1 天，培养液中硝酸根、磷酸根、铵根浓度分别比对照增长了 30.67%、63.07%和 26.39%。

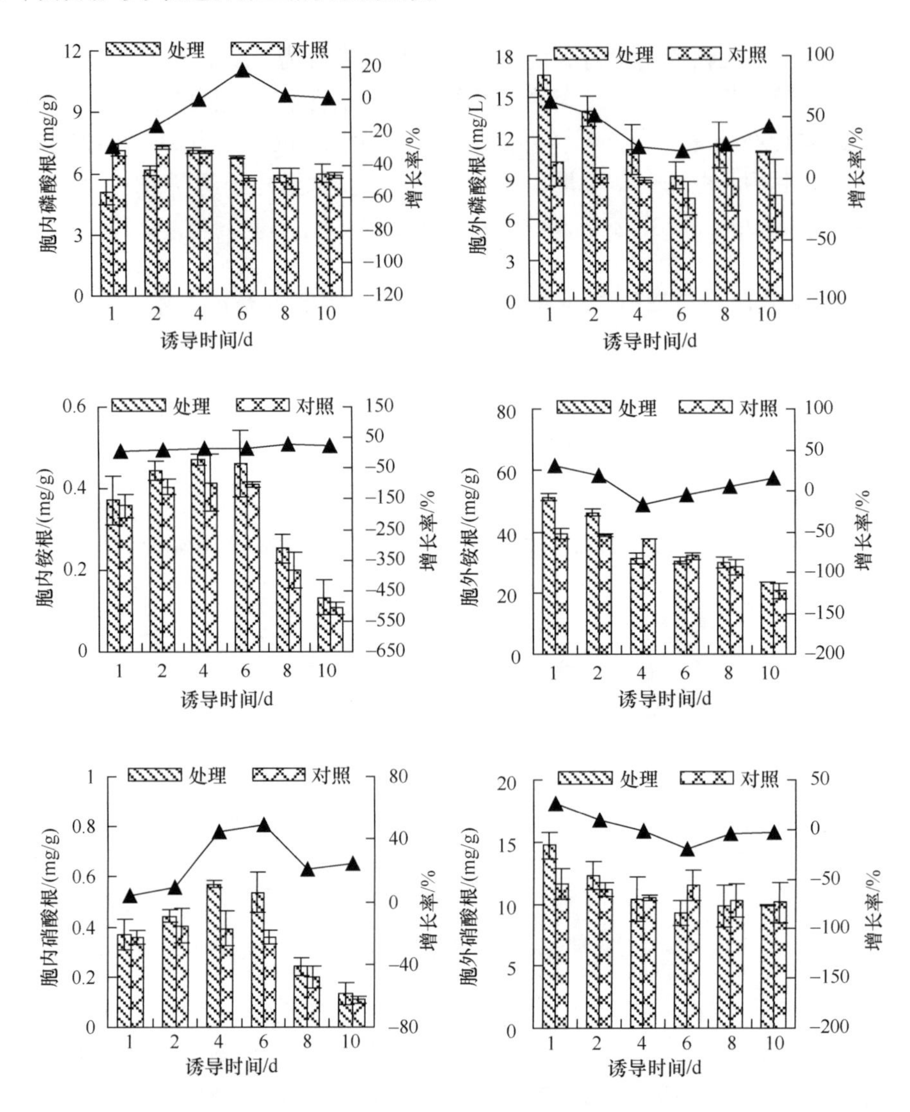

图 5-3 真菌诱导子对白桦细胞内和培养液中磷酸根、铵根和硝酸根浓度的影响

5.1.4 白桦细胞内外磷酸根、铵根和硝酸根浓度与三萜含量的相关性分析

分析白桦细胞内外磷酸根、铵根和硝酸根浓度与三萜含量的相关性发现（表 5-1），胞内铵根和硝酸根浓度与三萜含量的相关性由对照下的显著水平变为真菌诱导后的不显著水平，而胞外的磷酸根和硝酸根浓度与三萜含量的相关性由对照下的不显著水平变为真菌诱导后的显著水平，并且真菌诱导使对照下磷酸根和硝酸根与三萜积累的负相关关系变为正相关关系。由此推测，真菌诱导后白桦三萜的合成可能与胞内外磷酸根、铵根和硝酸根浓度有关。

表 5-1 磷酸根、铵根和硝酸根与三萜含量的相关性分析

生理指标		真菌诱导	对照
磷酸根	胞内	−0.61	−0.66
	胞外	0.87*	−0.70
铵根	胞内	0.37	−0.84*
	胞外	0.96**	0.90*
硝酸根	胞内	0.23	−0.89*
	胞外	0.89*	−0.65

5.1.5 小结

1）白桦细胞的干重、三萜含量和产量随着处理时间的增加表现为逐渐降低趋势。其中，三萜含量和三萜产量均于真菌诱导子诱导后第 1 天达到最高，分别为 21.98mg/g 和 123.82g/L，约为对照的 2 倍。

2）白桦悬浮细胞培养体系的 pH 和电导率在真菌诱导后第 1 天达到高峰，pH 增加了 6.23%，电导率增加了 8.20%。

3）除细胞内磷酸根浓度在诱导的第 1~2 天分别降低了 28.67%和 15.68%外，真菌诱导使白桦悬浮细胞培养体系中硝酸根、铵根、磷酸根含量基本呈增加趋势。由此推测，真菌诱导后白桦三萜的合成可能与细胞内磷酸根浓度的降低和硝酸根、铵根浓度的增加有关。

5.2 真菌诱导白桦三萜合成与碳和氮关系的初步研究

植物细胞生产次生代谢物与细胞的生长状态相关[9]。培养细胞一般在进入静止期后生产次生代谢物。作者的研究也发现，在白桦细胞的对数末期加入真菌诱导子后，白桦细胞生长速率降低，与此同时，次生代谢物三萜含量增加。由此可见，培养物生长和代谢物积累存在反比例关系。究其原因尚无定论，存在的观点之一是细胞内存在负责特定化合物合成的代谢体系，这些代谢体系的运行必须有一个开关系统，起作用的可能是营养养分的相互作用或营养养分的浓度。

在研究营养养分影响次生代谢物积累中，研究者发现在碳源受限制的条件下，可利用的基质用于细胞的生长，次生代谢物的积累也相应受到一定的限制。氮的水平处于亏缺状态时有利于次生代谢物的生产，而当氮的水平足以使进入静止期的细胞重新开始生长时，则不利于产物的合成[10, 11]。另外，在考虑碳源与氮源对代谢物的影响时，必须考虑碳源与氮源的相互作用，碳氮比的些微变化都会对代谢物的积累产生明显的影响[12, 13]。为此，作者分析了真菌诱导后白桦悬浮细胞中可溶性糖、可溶性蛋白与三萜积累的关系。研究发现真菌诱导后第 1 天，细胞内

的可溶性总糖含量和葡萄糖含量分别比对照增加了 146.93%和 484.54%，而可溶性蛋白降低了 75.48%，而碳氮比却由对照的 1.5 增加到 15.1（且与三萜含量的相关性呈显著水平），与此同时，三萜含量增加了 2 倍左右。由此可见，C/N 的增加有利于次生代谢物三萜的积累。

在细胞培养过程中，蔗糖分解为葡萄糖和果糖，果糖再转变为葡萄糖，然后葡萄糖被植物细胞所利用。葡萄糖进入植物细胞后，一部分组成细胞的结构物质，另一部分通过呼吸作用为细胞的生命活动提供能源[14]。真菌诱导后对白桦细胞中的果糖和蔗糖影响不大，但显著提高了葡萄糖含量，这可能是除植物细胞主要吸收和利用葡萄糖外，真菌诱导子本身也含有葡萄糖的原因，同时诱导子的加入造成白桦细胞的渗透胁迫，渗透胁迫又诱导白桦细胞产生可溶性糖以适应或抵抗胁迫从而积累了三萜物质。

目前研究发现，氨基酸对植物营养的贡献不只是提供氮源，它对植物的生理代谢也起作用。例如，在逆境条件下产生的游离氨基酸可能起着维持细胞水势、消除物质毒害和储存氮素的功能。而诱导子诱导后氨基酸与次生代谢物的关系如何，尚不明确。作者的研究发现，白桦细胞中氨基酸含量在培养的 9~18d 基本保持不变，而真菌诱导后氨基酸总量呈增加趋势。氨基酸总量的增加，可能是真菌诱导子对白桦细胞造成伤害（细胞活力降低，数据未在本研究标出），导致细胞内蛋白质降解，从而引起氨基酸的含量上升，这些游离氨基酸含量的增加，为合成某些与植物抗逆相关的蛋白质提供了物质原料，这进一步证实了逆境下氨基酸含量的增加具有储存氮素的功能。

脯氨酸是一些植物在干旱等逆境胁迫下游离氨基酸增加的主要成分，可占氨基酸总量的 40%[15]。而作者的研究发现，真菌诱导使脯氨酸含量增加了 48.8%，其含量仅占氨基酸总量的 6%左右，而其所属的谷氨酸族中谷氨酸的含量却占氨基酸总量的 40%以上。进一步通过统计分析发现，真菌诱导后白桦三萜含量与谷氨酸含量呈极显著正相关关系，而与脯氨酸仅呈不显著的正相关关系。可见，真菌诱导对白桦细胞确实造成了伤害，但其程度不大，如果伤害程度进一步增加，将刺激谷氨酸合成脯氨酸及其他化合物。由上述结果推断真菌诱导白桦细胞的轻度伤害可能是真菌诱导的主要成分糖对细胞造成了渗透伤害，这种渗透伤害引起三萜积累的主要贡献氨基酸可能为谷氨酸。

甲硫氨酸和苯丙氨酸是乙烯和水杨酸的前体物[16]，而现有研究证实水杨酸是参与次生代谢物合成的信号分子。作者的研究发现，真菌诱导后提高了甲硫氨酸和苯丙氨酸的含量，推测乙烯和水杨酸信号分子参与了真菌诱导白桦三萜的合成，这种推测需进一步通过实验证实。

综上所述，真菌诱导改变了白桦细胞中碳氮含量、C/N 和三萜积累，C/N 的增加有利于白桦三萜的积累。

5.2.1 真菌诱导子对白桦三萜的积累

见第 4 章 4.1 节内容。

5.2.2 真菌诱导子对白桦细胞内可溶性糖的影响

与对照相比，白桦悬浮细胞内蔗糖、果糖、葡萄糖和可溶性总糖含量随着真菌诱导时间的延长表现为先升高后降低的趋势（图 5-4）。其中，在诱导的第 1 天，白桦细胞内的蔗糖、果糖、葡萄糖和可溶性总糖含量达到最高，分别比对照增加了 29.12%、7.41%、484.54%和 146.93%。

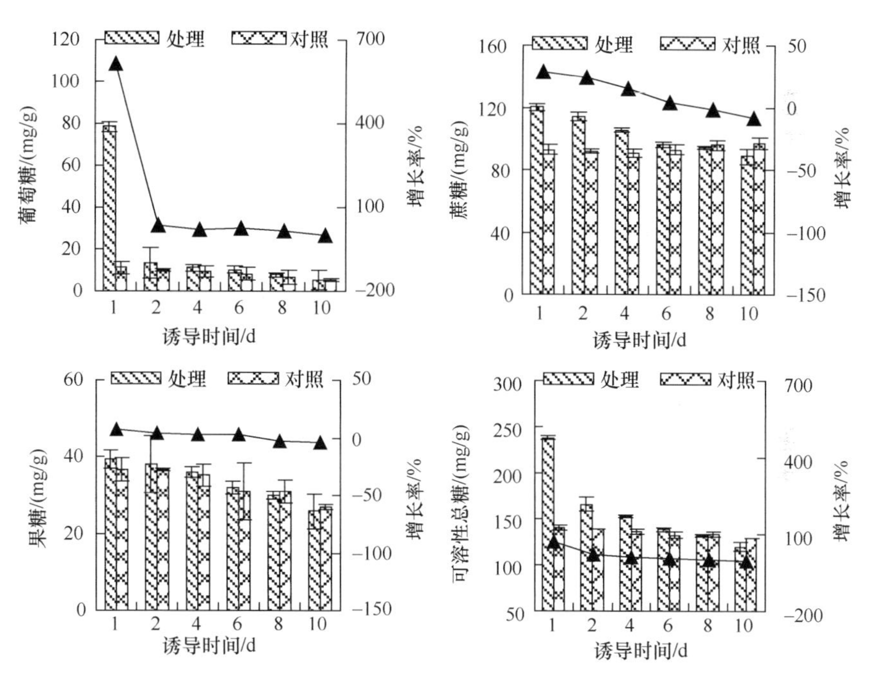

图 5-4 真菌诱导子对白桦细胞内可溶性糖含量的影响

5.2.3 真菌诱导子对白桦细胞内可溶性蛋白和碳氮比的影响

在真菌诱导子诱导处理的 10d 内，白桦细胞内的可溶性蛋白含量随着处理时间的增加表现为先降低后升高的趋势（图 5-5），可溶性蛋白含量由对照的 15.00~21.85mg/g 变为 5.15~20.61mg/g。其中，白桦细胞内的可溶性蛋白含量在第 1 天显著低于对照，比对照降低了 75.48%。

在真菌诱导子诱导处理期间，白桦细胞内的碳氮比由对照的 1.07~1.64 变为 0.99~15.07。其中，真菌诱导处理的第 1 天和第 2 天，白桦细胞内的碳氮比显著高

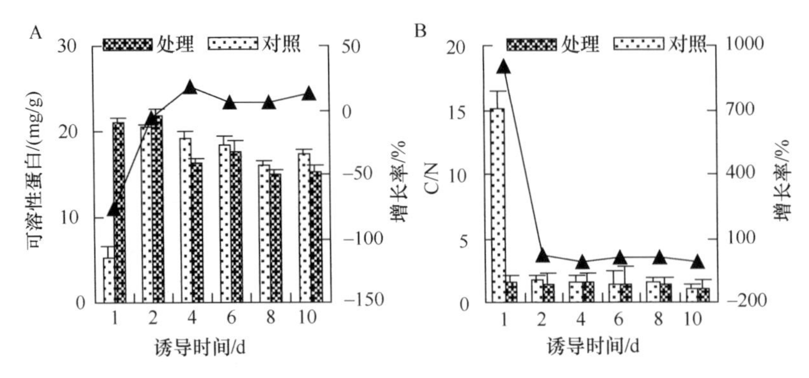

图 5-5 真菌诱导子对白桦细胞内可溶性蛋白含量（A）和碳氮比（B）的影响

于对照，分别比对照增加了 906.96%和 21.73%；在真菌诱导的第 8~10 天，白桦细胞内的碳氮比已接近于对照水平。

5.2.4 真菌诱导子对白桦细胞内氨基酸含量的影响

在真菌诱导子诱导的白桦细胞中，通过反相高效液相色谱法（RP-HPLC）检测出 17 种氨基酸：天冬氨酸（Asp）、丝氨酸（Ser）、谷氨酸（Glu）、甘氨酸（G1y）、精氨酸（Arg）、组氨酸（His）、苏氨酸（Thr）、酪氨酸（Tyr）、脯氨酸（Pro）、缬氨酸（Val）、亮氨酸（Leu）、异亮氨酸（Ile）、半胱氨酸（Cys）、丙氨酸（Ala）、甲硫氨酸（Met）、苯丙氨酸（Phe）、赖氨酸（Lys），其中人体必需的氨基酸 8 种。

白桦悬浮细胞中氨基酸总量对真菌诱导子处理的响应表现为先增加后降低的趋势，而不同氨基酸组分的响应趋势则不同（图 5-6）。其中，组氨酸、赖氨酸和半胱氨酸对真菌诱导子的响应程度不显著，而丝氨酸族的甘氨酸和丝氨酸，芳香族的苯丙氨酸和酪氨酸，丙氨酸族的丙氨酸、缬氨酸和亮氨酸，天冬氨酸族的天冬氨酸、苏氨酸和异亮氨酸，谷氨酸族的脯氨酸和精氨酸基本上在真菌诱导子诱导后的第 1~4 天达到最高值，分别比对照增加了 40.9%、14.3%、21.5%、80.0%、50.3%、17.4%、17.8%、16.2%、16.4%、14.5%、48.8%和 16.2%。

5.2.5 相关性分析

5.2.5.1 可溶性糖、可溶性蛋白和 C/N 与三萜含量的相关性分析

与对照相比，除蔗糖与三萜的相关性由对照的显著水平到真菌诱导后的不显著水平外，可溶性糖、可溶性蛋白和 C/N 与三萜的相关性未受到影响，仅相关程度发生了变化。真菌诱导加强了可溶性糖与三萜的相关性，由显著水平上升到极显著水平，真菌诱导使对照下葡萄糖、C/N 与三萜积累的负相关关系变为正相关

关系。由此可见，三萜的积累与可溶性总糖、葡萄糖和 C/N 相关性较强，达到显著或极显著水平（表 5-2）。

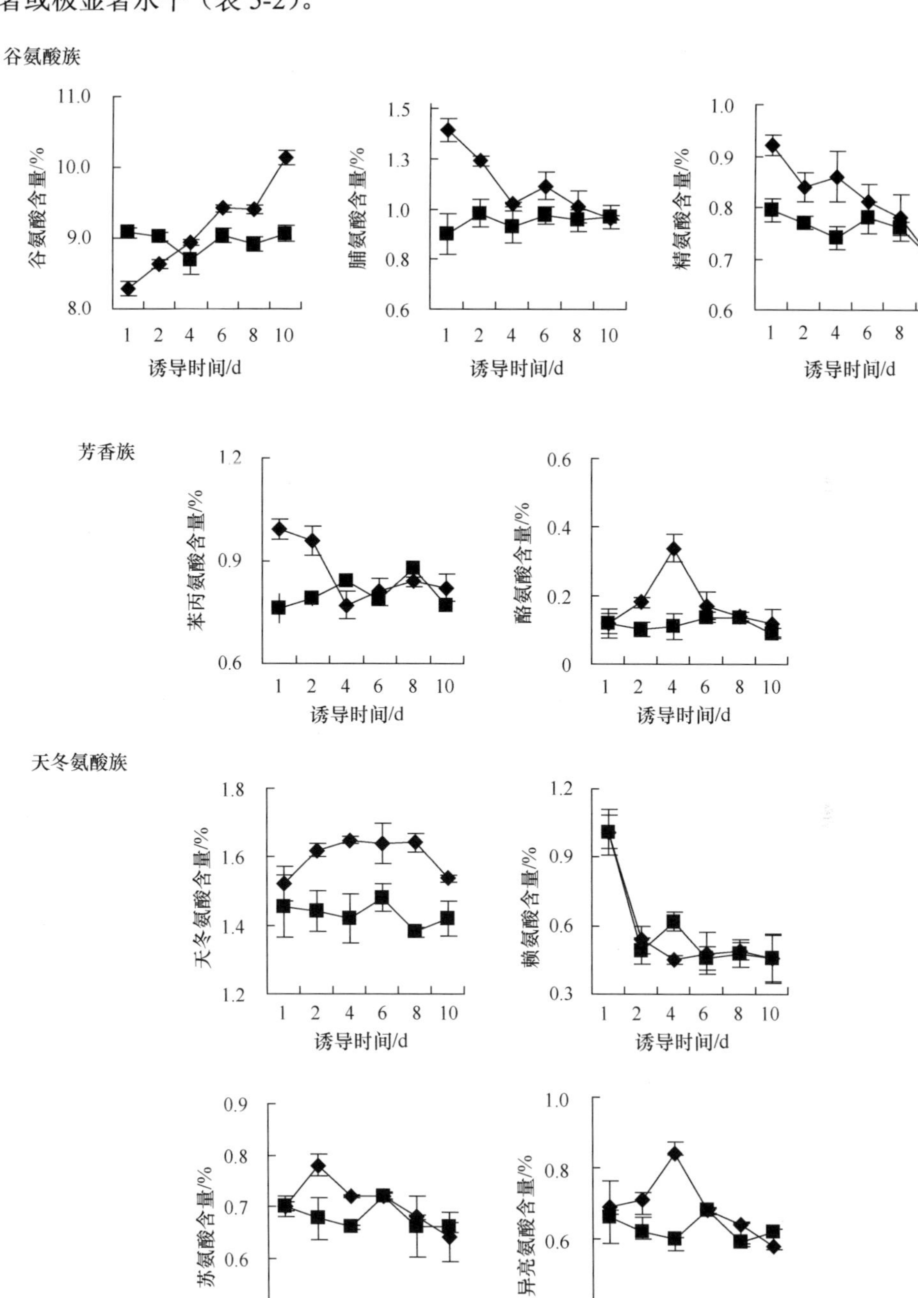

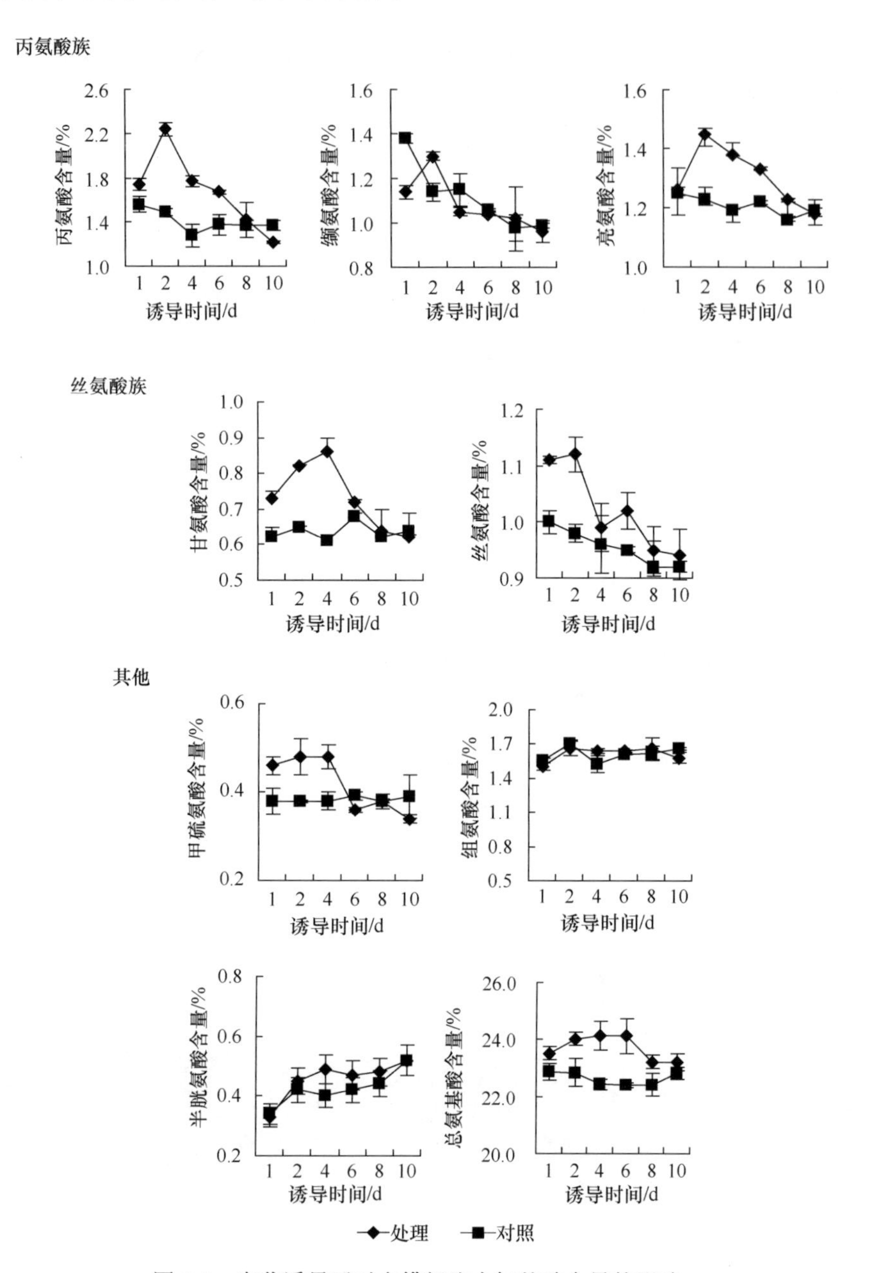

图 5-6 真菌诱导子对白桦细胞内氨基酸含量的影响

5.2.5.2 氨基酸种类与三萜的相关性分析

分析氨基酸种类与三萜含量的相关性发现，半胱氨酸和丝氨酸与三萜含量的相关性在真菌诱导后降低了，分别由对照的 0.96 和 0.76 降低到 0.86 和 0.63；精氨酸、酪氨酸、甲硫氨酸和缬氨酸与三萜含量的相关性在真菌诱导后基本不变；

表 5-2 可溶性糖、可溶性蛋白和 C/N 与三萜含量的相关性分析

生理指标	处理	对照
可溶性糖	0.95**	–0.91*
蔗糖	0.72	–0.90*
果糖	0.80	–0.78
葡萄糖	0.91*	–0.91*
可溶性蛋白	–0.78	–0.66
C/N	0.88*	–0.89*

其他氨基酸与三萜含量的相关性呈增加趋势，其中，谷氨酸和组氨酸分别由对照的 0.46 和 0.22 增加到 0.92 和 0.96，相关性由不显著水平上升到极显著水平（表 5-3）。由此推测，真菌诱导后三萜含量的增加可能与谷氨酸和组氨酸有关。

表 5-3 氨基酸组分与三萜含量的相关性分析

氨基酸	处理	对照
天冬氨酸	0.78	–0.126
丝氨酸	0.63	–0.76
苏氨酸	0.79	0.26
脯氨酸	0.67	0.23
精氨酸	0.80	–0.81
组氨酸	0.96**	0.22
赖氨酸	0.65	–0.45
苯丙氨酸	0.50	–0.40
酪氨酸	0.34	–0.36
亮氨酸	0.72	–0.33
异亮氨酸	0.54	0.03
甲硫氨酸	0.74	0.70
缬氨酸	0.73	–0.72
半胱氨酸	–0.86	0.96**
丙氨酸	0.76	0.18
甘氨酸	0.59	0.04
谷氨酸	–0.92**	0.46
氨基酸总量	0.44	0.35

5.3 结　　论

1）白桦细胞的干重、三萜含量和产量随着处理时间的增加表现为逐渐降低的趋势。其中，三萜含量和三萜产量均于真菌诱导子诱导后第 1 天达到最高，分别为 21.98mg/g 和 123.82g/L，约为对照的 2 倍。

2）白桦悬浮细胞中可溶性总糖含量、蔗糖、葡萄糖含量和 C/N 在真菌诱导后第 1 天的增加幅度达到最高，分别增长了 146.93%、29.129%、484.54%和

906.96%，可溶性蛋白却在真菌诱导后第 1 天的降低幅度最大，降低了 75.48%，而对果糖含量影响不大。氨基酸组分中除组氨酸、赖氨酸和半胱氨酸对真菌诱导子的响应程度不显著外，真菌诱导增加了氨基酸总量和其他氨基酸的含量，但其增长幅度不同。进一步通过相关性分析表明，可溶性总糖、葡萄糖含量、C/N、谷氨酸和组氨酸含量与三萜含量的相关性达到显著水平，并且表现出通过真菌诱导增加了它们之间的相关程度。由此可见，真菌诱导后白桦三萜的合成可能与细胞内增加的 C/N、谷氨酸和组氨酸有关。

参 考 文 献

[1] 毛达如. 植物营养研究方法. 2 版. 北京: 中国农业大学出版社, 2005: 1-5

[2] 潘瑞炽, 王小菁, 李娘辉. 植物生理学. 北京: 高等教育出版社, 2008: 28-33

[3] 阎秀峰, 王洋, 李一蒙. 植物次生代谢及其与环境的关系. 生态学报, 2007, 27(6): 2554-2560

[4] Liu C Z, Cheng X Y. Enhancement of phenylethanoid glycosides biosynthesis in cell cultures of *Cistanche deserticola* by osmotic stress. Plant Cell Rep, 2008, 27(2): 357-362

[5] Balague C, Wilson G. Growth and alkaloid biosynthesis by cell suspension of *Catharanthus roseus* in a chemostat under sucrose and phosphate limiting conditions. Physiol Veg, 1982, 20(1): 515-522

[6] Schiel O, Jarchow-Redecker K, Piehl G W, et al. Increased formation of cinnamoyl-putrescines by fedbatch fermentation of cell suspension cultures of *Nicotiana tabacum*. Plant Cell Report, 1984, 3(1): 18-20

[7] Rasmussen S, Parsons A J, Fraser K, et al. Newman metabolic profiles of lolium perenne are differentially affected by nitrogen supply, carbohydrate content, and fungal endophyte infection. Plant Physiol, 2008, 146(3): 1440-1453

[8] 王晓东, 李晓灿, 翟俏丽, 等.真菌诱导子对白桦悬浮体系中 N 和 P 的吸收利用和三萜合成的影响. 中草药, 2011, 42(10): 2119-2124

[9] 邓盾, 王永飞, 马三梅, 等. 采用植物离体培养技术生产精油. 植物生理学通讯, 2009, 45(1): 97-102

[10] Kurz W G W. 影响植物细胞培养物生物合成和生物转化次生代谢产物的几个因素. 生物技术通报, 1986, 7: 1-9

[11] 翟丹丹. 青蒿毛状根中活性化合物的分离分析及其生物合成调控探索. 上海: 华东理工大学博士学位论文, 2010

[12] Hager J, Pellny T K, Mauve C, et al. Conditional modulation of NAD levels and metabolite profiles in *Nicotiana sylvestris* by mitochondrial electron transport and carbon/nitrogen supply. Planta, 2010, 231: 1145-1157

[13] Wang D H, Wei G Y, Nie M, et al. Effects of nitrogen source and carbon/nitrogen ratio on batch fermentation of glutathione by *Candida utilis*. Korean J Chem Eng, 2010, 27(2): 551-559

[14] 元英进. 植物细胞培养工程. 北京: 化学工业出版社, 2004: 110-111

[15] 王艳青, 陈雪梅, 李悦, 等. 植物抗逆中的渗透调节物质及其转基因工程进展. 北京林业大学学报, 2001, 23(4): 66-70

[16] Lieberman M. Biosynthesis and action of ethylene. Annu Rev Plant Physio, 1979, 30: 533-591

6 真菌诱导子促进白桦三萜积累的信号对话研究

6.1 NO 介导真菌诱导白桦悬浮细胞中三萜合成的研究

一氧化氮（nitric oxide，NO）是一种极不稳定的生物自由基，分子小，结构简单，常温下为气体，微溶于水，具有脂溶性，可快速透过生物膜扩散，在低浓度下，NO 分子的半衰期较长，使之能够作为信号分子引发植物的防御反应，在较高浓度下，NO 的半衰期很短。

NO 是近年来发现的一种新型植物信号分子，参与植物的生长、发育、衰老和抗病等生理代谢过程[1]。随着对 NO 功能的研究，Modolo 等的研究发现，外源 NO 可以提高大豆组织中黄酮和异黄酮类物质的含量[2]，之后 NO 调控次生代谢物的报道在许多植物中被验证[3-5]。外源 NO 调控次生代谢物的合成，内源 NO 是否有此功能？徐茂军等的研究发现，以桔青霉（*Penicillium citrinum*）细胞壁制备的真菌诱导子可以诱发红豆杉等植物细胞的 NO 迸发，而 NO 专一性猝灭剂 cPITO [2-(4-carboxy-2-phenyl)-4,4, 5,5-tetramethylimidazoline-1-oxyl-3-oxide] 不仅可以抑制红豆杉等细胞的 NO 迸发，还能够阻断真菌诱导子对红豆杉等细胞中次生代谢产物生物合成的促进作用[6]。同样，本实验也进一步从生化水平和细胞水平证实了真菌诱导子诱导了白桦悬浮细胞中 NO 的产生，施加 NO 清除剂和合成抑制剂后不仅抑制了白桦细胞中 NO 产生的数量，同时降低了白桦脂醇基因的表达量。由此可见，在植物细胞中可能存在着一条由 NO 介导的次生代谢产物合成的信号调控途径。

植物本身能产生内源的 NO 分子，目前已知植物细胞产生 NO 的途径有 3 条[7]：①通过类似一氧化氮合酶（nitric oxide synthase，NOS）途径产生。1996 年，首次报道植物中存在哺乳动物类型的 NOS。在植物中检测 NOS 的方法多数是通过检测 NOS 抑制剂对 NO 合成的抑制作用。②通过硝酸还原酶（nitrate reductase，NR）途径产生，植物体内还存在一类依赖于亚硝酸盐的 NO 合成途径，胞质 NR 通常的功能是还原硝酸盐为亚硝酸盐，但也能够进一步还原亚硝酸盐形成 NO。最近的一些研究结果证实，NR 介导了外源生长素、热胁迫及激发子诱导的 NO 合成。③植物中还存在 NO 合成的非酶促途径。例如，经反硝化作用和氮固定形成 NO；硝化作用和反硝化作用将 N_2O 氧化形成 NO。非酶促途径还包括酸性条件下还原剂（抗坏血酸等）对亚硝酸盐的还原和光参与的类胡萝卜素转化等。因此，植物体中 NO 的产生途径十分复杂，且具有种属特异性，鉴于 NO 信号分子在植物防御反应与次生代谢产物积累过程中的重要作用，研究 NO 的主要产生途径与次生代谢物积累的关系具有重要的意义。

Yamamoto-Katou 等发现，马铃薯晚疫病菌（*Phytophthora infestans*）蛋白激发子诱导 NO 产生，NOS 抑制剂部分阻止了 NO 产生，而 NR 沉默植株显著降低了蛋白激发子诱导的 NO 的产生[8]。徐茂军和董菊芳的研究发现，比较真菌诱导子处理下金丝桃细胞 NO 产生和 NOS 活化的动力学曲线，发现 NO 产生量明显高出 NOS 的活力范围，说明 NOS 虽然可能参与了金丝桃细胞 NO 的合成，但是金丝桃细胞中 NO 的产生并不完全依赖于 NOS[9]。Modolo 等的研究发现，真菌诱导后 NO 主要通过 NOS 介导了植保素的合成[2]。而作者的研究发现，真菌诱导后 NR 活性的增强幅度是 NOS 的 8 倍左右，而施加 NO 清除剂后，NR 和 NOS 活性接近对照水平。同时，从 mRNA 水平进一步验证了 *NR* 基因的表达量对真菌清除剂和抑制剂的响应，结果与酶活性一致。由上述结果初步推断，NO 的 NR 合成途径和 NOS 合成途径介导了真菌诱导白桦脂醇的生物合成，NO 的来源途径对白桦脂醇积累的贡献可能是 NR 合成途径＞NOS 合成途径。综上所述，NO 的来源途径共同对次生代谢物的积累起调控作用，但其作用可能存在主次性。

6.1.1 外源 NO 对白桦悬浮细胞干重积累的影响

将 0.1mmol/L、1mmol/L 和 5mmol/L NO 供体硝普钠（sodium nitroprusside，SNP）分别添加到培养 8d 的白桦悬浮细胞培养体系中处理 6~96h 后，白桦悬浮细胞干重积累的变化见图 6-1。SNP 促进了白桦悬浮细胞生长，0.1mmol/L 处理 6h 时，细胞干重积累最多，是对照的 1.26 倍，96h 次之，是对照的 1.22 倍；1mmol/L 处理 48h 时，干重积累最多，是对照的 1.35 倍，96h 次之，为 1.21 倍；5mmol/L

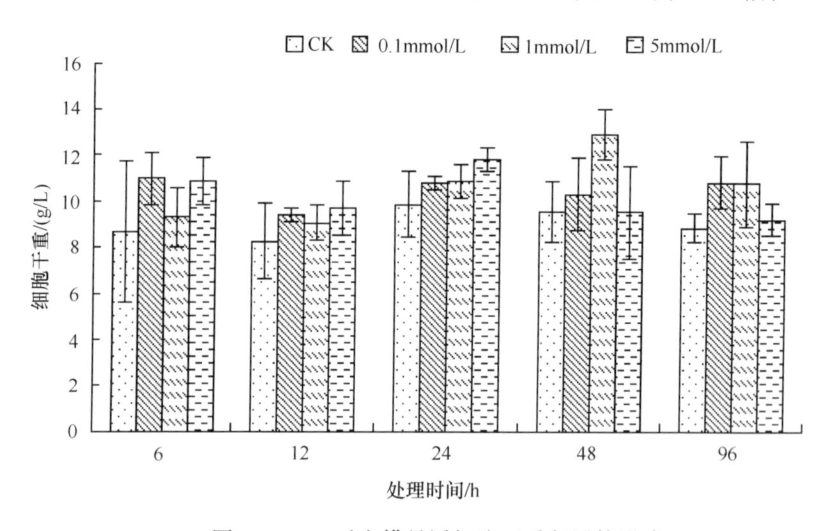

图 6-1 NO 对白桦悬浮细胞干重积累的影响

处理 24h 时，细胞干重积累最多，是对照的 1.19 倍；48~96h 细胞生长稳定，随着细胞生长时间的延长，高浓度 SNP 抑制了细胞生长，导致细胞干重积累稳定。由此可知，1mmol/L SNP 处理 48h 时，白桦悬浮细胞生长量最大。

6.1.2 外源 NO 对白桦悬浮细胞中白桦脂醇含量的影响

SNP 处理促进了白桦脂醇的积累（图 6-2），其中 0.1mmol/L 处理增加不明显，1mmol/L 处理，变化趋势为先升高后降低，处理 12h 时，促进效果最好，含量增加最显著，是对照的 7 倍左右；5mmol/L 次之，变化趋势同 1mmol/L；对照组白桦脂醇含量随时间延长而下降，原因可能是植物细胞生长过程中，随着营养物质的不断消耗，抑制了细胞生长，从而导致白桦脂醇含量下降。由此可知，1mmol/L SNP 处理 12h 时，白桦悬浮细胞中白桦脂醇含量积累量最大。

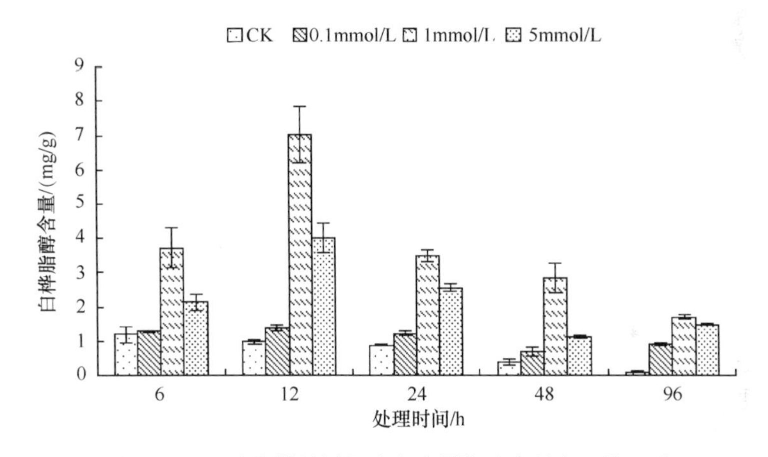

图 6-2 NO 对白桦悬浮细胞中白桦脂醇含量积累的影响

6.1.3 真菌诱导后白桦悬浮细胞中 NO 含量的变化

将促进白桦三萜积累的拟茎点霉属（*Phomopsis*）的内生真菌诱导子以 40μg/ml 的终浓度添加到指数生长期的白桦悬浮细胞培养体系中，考察了诱导 0.5h、1h、1.5h、2h、4h、6h、8h、10h、12h、18h、1d、2d、3d、5d 后白桦细胞中 NO 信号分子的含量，结果如图 6-3 所示，未作处理的白桦细胞中 NO 的水平较低，且相对恒定，变化范围在 309.51~470.31μmol/L。添加真菌诱导子后白桦细胞中 NO 含量显著升高，变化范围在 493.56~3864.47μmol/L。在真菌诱导 1h 后，细胞中 NO 含量迅速升高，达到了 1489.11μmol/L，真菌诱导 10h 后 NO 的含量达到最大值（3864.47μmol/L），是对照的 9.51 倍，至诱导 5d 后，NO 的含量仍保持较高的水平。

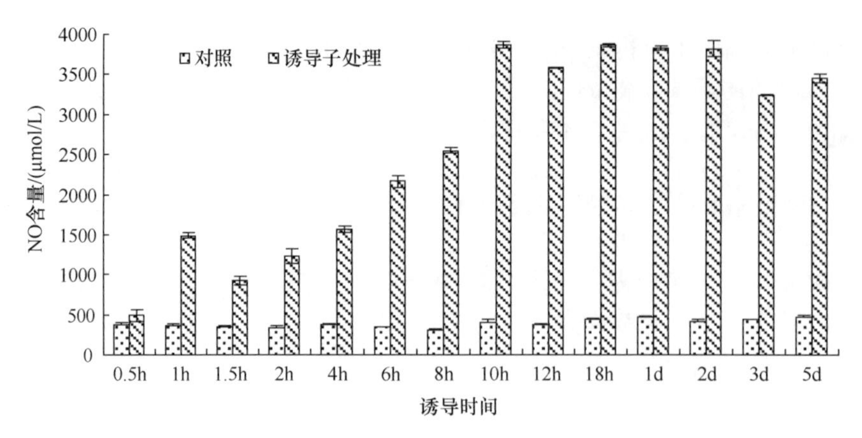

图 6-3 真菌诱导后白桦悬浮细胞中 NO 含量的变化

植物细胞中 NO 的迸发与防御反应的发生和次生代谢产物的合成密切相关，植物细胞在抵抗病原菌的防御反应中会发生 NO 的迸发[10-12]，这是在研究假单胞菌属病原菌引发的大豆悬浮培养细胞的防御反应，以及烟草花叶病毒引起的烟草细胞的防御反应中首次报道的[13, 14]。本研究的结果也证实了真菌诱导子促进了白桦悬浮细胞中 NO 的迸发。由于细胞中 NO 含量是在诱导后 10h 达到最大值，因此后面的实验中 NO 含量均是在诱导 10h 后取样测定的。

6.1.4 真菌诱导后白桦悬浮细胞中一氧化氮合酶活性的变化

添加真菌诱导子 12h 内白桦细胞中 NOS 活性的变化如图 6-4 所示，未经处理的细胞中 NOS 活性较低，且基本保持恒定，变化范围为 3.51~5.03U/mg protein。真菌诱导后细胞中的 NOS 活性高于对照细胞，且在诱导后 6~10h 酶活性保持较高水平，诱导后 8h 达到最大值（7.92U/mg protein），比对照增长了 65.79%，诱导后 12h 酶活性有所降低，仅比对照提高了 13.54%。

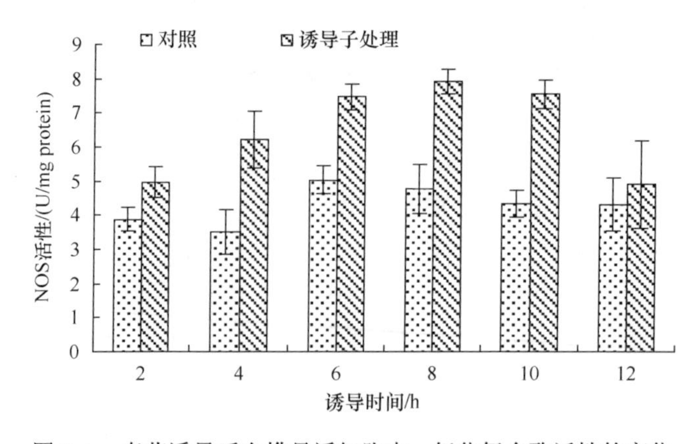

图 6-4 真菌诱导后白桦悬浮细胞中一氧化氮合酶活性的变化

6.1.5 真菌诱导后白桦悬浮细胞中硝酸还原酶活性的变化

添加真菌诱导子 12h 内白桦细胞中 NR 活性的变化如图 6-5 所示，未经处理的细胞中 NR 活性较低，且基本保持恒定，变化范围为 33.70~45.35mg/g protein。真菌诱导后细胞中的 NR 活性显著升高，变化范围为 162.58~304.09mg/g protein。诱导处理 8h 后酶活性保持很高的水平，10h 后达到最大值（304.09mg/g protein），是对照细胞的 9 倍。

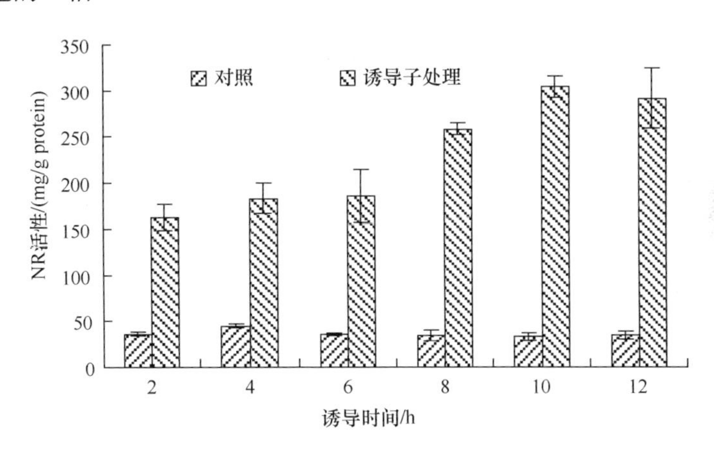

图 6-5 真菌诱导后白桦悬浮细胞中硝酸还原酶活性的变化

由此可见，真菌诱导子诱导了白桦细胞的 NOS 和 NR 活性的升高，并且诱导后 NR 活性增加的程度远大于 NOS。可以初步推测 NR 途径在真菌诱导白桦细胞 NO 迸发的过程中发挥了更重要的作用。

6.1.6 NO 抑制剂处理对真菌诱导后白桦细胞中 NO 含量的影响

NO 是脂溶性分子，它可以透过细胞膜扩散到胞外，NO 的产生是植物细胞对外界环境刺激下早期的响应[6, 10-13]，DAF-FM DA 是 NO 的专一性荧光试剂，它不受其他活性氧的影响。采用 DAF-FM DA 结合激光共聚焦技术和生化方法测定真菌诱导处理 10h 后白桦悬浮细胞内外 NO 含量的变化，结果如图 6-6 所示，对照细胞中 NO 的含量较低，真菌诱导后细胞中 NO 含量由对照的 310.61μmol/L 增加到 3750.11μmol/L，SNP 处理后 NO 含量由 310.61μmol/L 增加到 4128.79μmol/L，是对照的 13.29 倍。外源添加 NO 清除剂的处理使真菌诱导的 NO 迸发降低到了对照细胞的水平，这些结果说明真菌诱导子确实促进了白桦细胞中 NO 的迸发，这也与图 6-3 的结果一致。添加 NOS 抑制剂后，真菌诱导的 NO 迸发仅降低了 14.75%，仍是对照细胞的 10.29 倍，但是在添加 NR 抑制剂后，真菌诱导的 NO

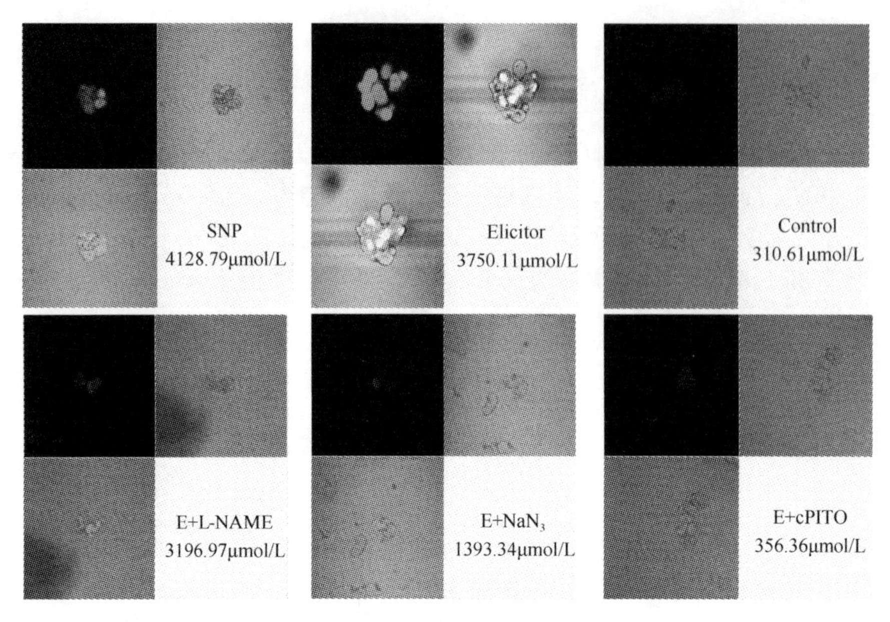

图 6-6　激光共聚焦检测白桦悬浮细胞中的 NO 含量

每个处理下的 3 幅图片依次为荧光显微镜下的图片、普通显微镜下的图片和激光共聚焦显微镜下的图片；Elicitor. 真菌诱导子；Control. 对照；SNP. NO 的供体；E. 真菌诱导子；L-NAME. 一氧化氮合酶抑制剂；NaN_3. 硝酸还原酶抑制剂；cPITO. 一氧化氮清除剂

进发降低了 62.85%。这说明真菌诱导的白桦细胞中 NO 的产生更多地来源于 NR 途径，而 NOS 途径产生的 NO 只占较少的比例。

6.1.7　NO 抑制剂处理对真菌诱导后白桦细胞中一氧化氮合酶和硝酸还原酶活性的影响

在 SNP 及抑制剂处理后 10h 取样测定白桦细胞中 NOS 和 NR 的酶活性，结果如图 6-7 所示，真菌诱导和外源添加 SNP 均使细胞的 NR 和 NOS 活性增加，真

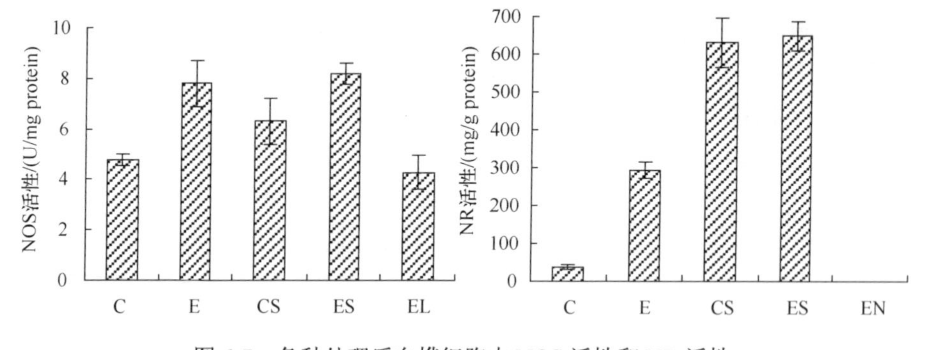

图 6-7　各种处理后白桦细胞中 NOS 活性和 NR 活性

C. 对照；E. 真菌诱导子处理；CS. SNP 处理；ES. 真菌诱导子与 SNP 共同处理；EL. 真菌诱导子与 L-NAME 共同处理；EN. 真菌诱导子与 NaN_3 共同处理

菌诱导后 NR 和 NOS 活性分别是对照的 8.01 倍和 1.64 倍。SNP 处理后 NR 和 NOS 活性分别是对照的 17.16 倍和 1.32 倍。而真菌诱导体系中外加 NOS 抑制剂后，NOS 活性接近对照水平，外加 NR 抑制剂后完全抑制了 NR 的活性。为了验证各种处理后 NR 的变化，进一步对 *NR* 基因的转录表达水平进行了分析，结果如图 6-8 所示，*NR* 基因的表达情况与 NR 活性变化趋势相同，真菌诱导子和 SNP 诱导了细胞中 *NR* 基因的表达，而施加 NO 清除剂和 NO 合成抑制剂后 *NR* 基因的表达下调了。

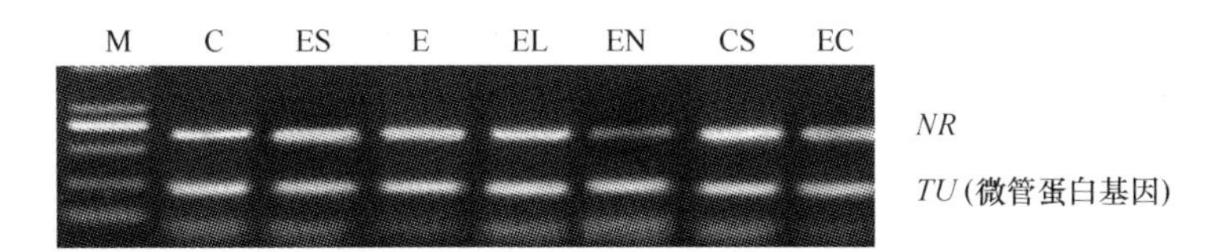

图 6-8　真菌诱导白桦悬浮细胞中 *NR* 基因表达的 RT-PCR 分析

M. Marker；C. 对照；E. 真菌诱导子处理；CS. SNP 处理；ES. 真菌诱导子与 SNP 共同处理；EC. 真菌诱导子与 cPITO 共同处理；EL. 真菌诱导子与 L-NAME 共同处理；EN. 真菌诱导子与 NaN_3 共同处理

由上述结果可知，NO 的 NR 合成途径和 NOS 合成途径介导了真菌诱导白桦脂醇的生物合成，NO 的来源途径对白桦脂醇积累的贡献可能是 NR 合成途径>NOS 合成途径。

6.1.8　NO 抑制剂处理对真菌诱导后白桦细胞中三萜积累的影响

实验结果如图 6-9 所示，真菌诱导子促进了白桦细胞中三萜的积累，外源添加 NO 供体 SNP 后，白桦细胞中三萜的含量从 16.96mg/g 增加到 21.57mg/g，增加了 27.2%。SNP 与真菌诱导子共同添加后细胞中的三萜含量比单独添加真菌诱导子的细胞提高了 11.30%，而加入 NO 清除剂 cPITO 后，诱导子诱导的三萜积累

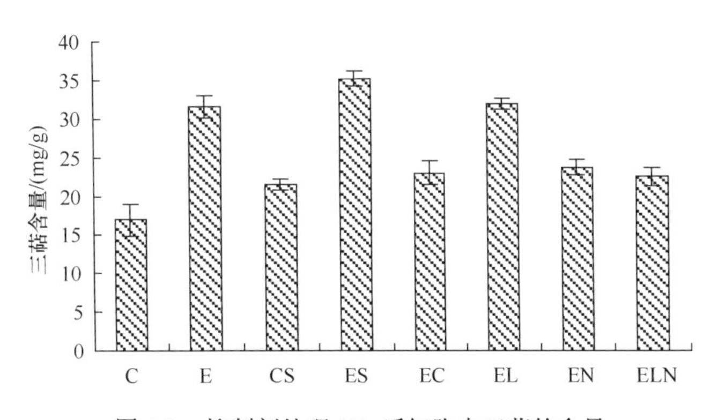

图 6-9　抑制剂处理 12h 后细胞中三萜的含量

C. 对照；E. 真菌诱导子处理；CS. SNP 处理；ES. 真菌诱导子与 SNP 共同处理；EC. 真菌诱导子与 cPITO 共同处理；EL. 真菌诱导子与 L-NAME 共同处理；EN. 真菌诱导子与 NaN_3 共同处理；ELN. 真菌诱导子与 L-NAME、NaN_3 共同处理

降低到23.04mg/g，这说明NO分子能够促进白桦细胞中三萜的积累，NO参与了真菌诱导的三萜合成过程。NOS抑制剂的添加对真菌诱导后三萜的合成基本没有影响，而NR抑制剂的添加使真菌诱导后的三萜含量由31.62mg/g减少到23.73mg/g，结果初步说明NR在真菌诱导的三萜合成中发挥了作用，而NOS基本没有参与诱导后三萜的合成。

6.1.9 半定量反转录PCR（RT-PCR）方法检测各种处理后白桦细胞中*LUS*基因的表达水平

采用半定量RT-PCR的方法检测了抑制剂处理12h后白桦细胞中白桦脂醇合成关键酶基因*LUS*的表达量，结果如图6-10所示，处理后*LUS*基因的转录水平与白桦三萜的含量基本一致，对照细胞中的*LUS*相对表达量为0.61，真菌诱导及外源添加SNP后，*LUS*基因的相对表达量升高，与对照相比分别增长了66.91%和33.23%。真菌诱导子与SNP共同添加后，*LUS*的表达比对照增加了1.17倍，而真菌诱导体系中添加cPITO和NO合成抑制剂后，*LUS*基因转录水平显著降低，其中NR抑制剂对*LUS*表达量的抑制大于NOS抑制剂。以上结果说明真菌诱导子及NO促进了*LUS*基因的表达，NR在真菌诱导*LUS*基因表达过程中发挥了比NOS更重要的作用。

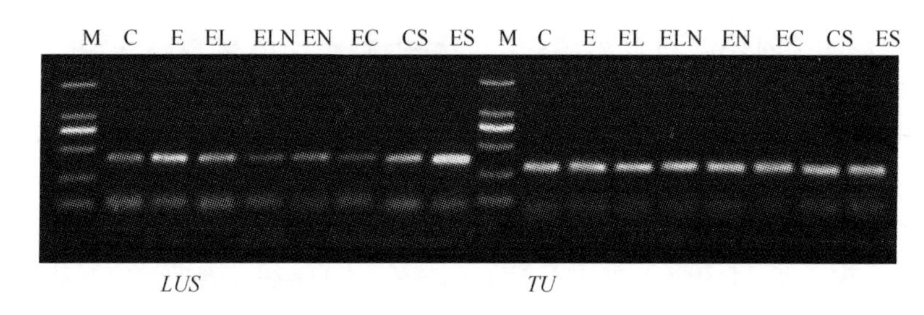

图6-10 半定量RT-PCR方法检测白桦细胞中*LUS*基因的表达水平

M. Marker；C. 对照；E. 真菌诱导子处理；CS. SNP处理；ES. 真菌诱导子与SNP共同处理；EC. 真菌诱导子与cPITO共同处理；EL. 真菌诱导子与L-NAME共同处理；EN. 真菌诱导子与NaN_3共同处理；ELN. 真菌诱导子与L-NAME、NaN_3共同处理

6.1.10 小结

真菌诱导后白桦细胞中NO荧光强度明显增加，培养液中NO含量由对照的310.61μmol/L上升到3750.11μmol/L，同样外施NO的供体SNP也使白桦细胞中NO荧光强度增加，而施加NO清除剂和NO合成抑制剂后，NO荧光强度降低到对照水平或低于对照。真菌诱导白桦脂醇基因的表达量显著增加，而外施NO清除剂和NO合成抑制剂后白桦脂醇基因的表达量接近或低于对照水平。进一步分析真菌诱导后NR和NOS活性及*NR*基因表达后发现，真菌诱导后NR和NOS

活性分别比对照增加了 8.0 倍和 1.6 倍，施加 NO 清除剂后，NR 和 NOS 活性接近对照水平。由上述结果可知，NO 的 NR 合成途径和 NOS 合成途径介导了真菌诱导白桦脂醇的生物合成，NO 的来源途径对白桦脂醇积累的贡献可能是 NR 合成途径＞NOS 合成途径。

6.2　多胺介导真菌诱导白桦悬浮细胞中三萜合成的研究

多胺（polyamines，PAs）是生物代谢过程中产生的一类具有生物活性的低相对分子质量的脂肪族含氮碱，是腐胺（putrescine，Put）、精胺（spermine，Spm）、亚精胺（spermidine，Spd）等的总称，广泛存在于生物有机体中。PAs 作为一种生理活性物质，与植物的生长发育、形态建成和胁迫响应关系密切[14, 15]。许多研究表明，适当浓度的多胺能促进细胞及组织生长[16-18]。本研究也发现，除 1.0mmol/L Spm 处理外，Put 和 Spd 均促进了白桦细胞干重增加。进一步分析 PAs 对白桦悬浮细胞活力的影响发现，Put 和 Spd 处理增加了白桦悬浮细胞活力，1mmol/L Spm 处理却降低了白桦悬浮细胞活力。由此初步推断，Put 和 Spd 处理后白桦悬浮细胞干重积累的增加可能是其细胞活力增加所致。

PAs 和次生代谢物质积累均是植物逆境下的表征，二者是否有关联？研究发现，外源亚精胺和腐胺显著提高了甜菜毛状根中甜菜素产量[16]，外源精胺显著增加了利马豆中挥发性萜类物质[17]。作者的研究结果也显示，外源腐胺、精胺和亚精胺均能促进白桦悬浮细胞中三萜的合成，其中 1.0mmol/L Put 促进效果最佳，在诱导后第 2 天三萜量比对照增加了 55.77%，三萜产量增加了 116.35%。同时，从转录水平进一步证实了 PAs 对白桦三萜积累的促进效应。由此可知，外源 PAs 可促进植物次生代谢物质的积累，且此促进作用存在种类和浓度效应。

Qin 和 Lan[19]的研究发现，真菌诱导子可以引起植物细胞中多胺量的增加。而将多胺添加到培养的植物细胞中可以使黄酮、萜类等次生代谢产物增加[17, 18, 20]。同样，本研究也发现外源多胺促进了白桦三萜的积累，同时发现真菌诱导子提高了白桦悬浮细胞中多胺量和三萜产量。对于多胺是否介导了真菌诱导白桦悬浮细胞中三萜的积累还未见报道。为此，作者采用药理学实验进行了分析，发现在真菌诱导子与多胺合成抑制剂 D-精氨酸（D-Arg）同时处理下，白桦悬浮细胞中的多胺量和三萜产量比真菌诱导子或 Put 单独处理下显著降低，但仍高于对照。进一步通过恢复实验发现，真菌诱导子和外源 Put 对白桦三萜的促进效应随着恢复培养时间的延长而降低，最终恢复到对照水平；而真菌诱导子与多胺合成抑制剂 D-Arg 同时处理下，白桦悬浮细胞中降低的多胺量和三萜产量呈上升趋势，随着恢复时间的延长逐渐达到对照水平。由此初步推测，多胺介导了真菌诱导白桦三萜的合成过程。

6.2.1 外源多胺对白桦悬浮细胞活力的影响

将 0.1mmol/L 和 1mmol/L 的 Put、Spm 和 Spd 分别添加到培养 8d 的白桦悬浮细胞培养体系中，2,3,5-三苯基氯化四氮唑（TTC）法分析多胺处理对白桦细胞活力的影响。研究发现，在多胺处理的 1~8d，除 1mmol/L Spm 使白桦细胞活力降低 11.97%~80.32%外，外源多胺处理均不同程度地提高了白桦悬浮细胞的活力（图 6-11）。其中，0.1mmol/L Spm 处理的白桦悬浮细胞，在处理后第 1 天达到最大值，比对照增加了 40.50%；同样，0.1mmol/L 和 1.0mmol/L Spd 也在处理的第 1 天达到最大值，分别比对照增加了 25.77%和 27.39%；而 0.1mmol/L 和 1mmol/L Put，在处理的第 8 天达到最大值，分别比对照增加了 26.22%和 80.50%。由此可知，多胺对白桦细胞活力的影响存在种类和浓度效应，其中 Put 的促进效应最大。

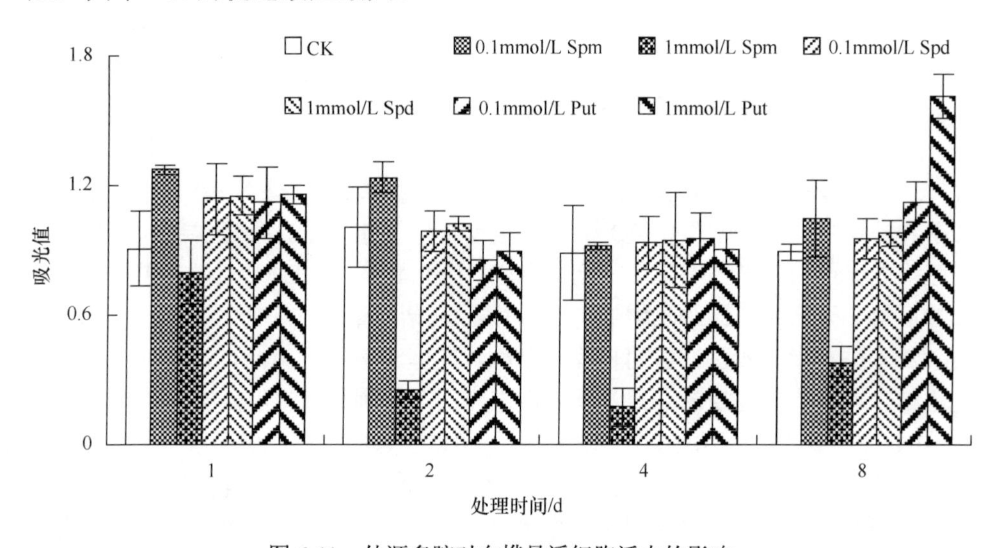

图 6-11 外源多胺对白桦悬浮细胞活力的影响

6.2.2 外源多胺对白桦悬浮细胞干重和三萜积累的影响

0.1mmol/L 和 1mmol/L Put、Spm 和 Spd 处理 1~8d 后，白桦悬浮细胞干重、三萜量和产量（三萜产量＝三萜量×干重积累）的变化见表 6-1。外源多胺对白桦悬浮细胞干重的积累趋势与细胞活力变化基本相同。其中，0.1mmol/L Put 和 1mmol/L Put 在处理第 2 天增幅最大，分别比对照增加了 17.28%和 38.89%。

3 种多胺均不同程度地促进了三萜的合成。其中，1mmol/L Spd 在处理第 1

表 6-1 多胺对白桦悬浮细胞干重和三萜合成的影响

处理	处理时间/d	处理方法	干重/（g/L）	三萜量/（mg/g）	三萜产量/（mg/L）
1	1	CK	1.68±0.22	8.24±0.24	13.84±0.41
2	1	0.1mmol/L Spm	1.52±0.07	9.84±0.24	14.96±0.37
3	1	1.0mmol/L Spm	1.15±0.10	10.35±0.21	11.90±0.25
4	1	0.1mmol/L Spd	1.64±0.21	10.32±0.26	16.92±0.43
5	1	1.0mmol/L Spd	1.45±0.24	13.26±0.14	19.23±0.21
6	1	0.1mmol/L Put	1.74±0.05	11.83±0.07	20.58±0.13
7	1	1.0mmol/L Put	1.87±0.26	12.10±0.30	22.63±0.57
8	2	CK	1.62±0.18	7.62±0.23	12.34±0.38
9	2	0.1mmol/L Spm	2.10±0.26	9.18±0.19	19.28±0.39
10	2	1.0mmol/L Spm	1.21±0.13	8.68±0.16	10.50±0.20
11	2	0.1mmol/L Spd	1.62±0.03	9.82±0.08	15.91±1.31
12	2	1.0mmol/L Spd	1.94±0.03	9.28±0.21	18.00+0.40
13	2	0.1mmol/L Put	1.90±0.28	11.32±0.15	21.51±0.33
14	2	1.0mmol/L Put	2.25±0.28	11.87±0.17	26.70±0.34
15	4	CK	2.00±0.04	10.66±0.15	21.32±0.30
16	4	0.1mmol/L Spm	1.98±0.06	11.92±0.09	23.60±1.82
17	4	1.0mmol/L Spm	1.03±0.11	10.46±0.19	10.77±1.99
18	4	0.1mmol/L Spd	2.08±0.18	13.23±0.20	27.52±1.62
19	4	1.0mmol/L Spd	1.63±0.04	12.53±0.08	20.42±1.38
20	4	0.1mmol/L Put	2.13±0.19	12.71±0.12	27.07±2.54
21	4	1.0mmol/L Put	2.26±0.22	12.76±0.10	28.84±2.22
22	8	CK	3.24±0.26	9.52±0.14	30.84±0.45
23	8	0.1mmol/L Spm	3.43±0.07	8.71±0.32	29.88±1.11
24	8	1.0mmol/L Spm	1.29±0.07	13.09±0.12	16.87±1.54
25	8	0.1mmol/L Spd	3.28±0.14	11.01±0.17	36.11±0.54
26	8	1.0mmol/L Spd	3.13±0.06	10.35±0.23	32.40±0.73
27	8	0.1mmol/L Put	3.54±0.21	9.13±0.15	32.32±0.53
28	8	1.0mmol/L Put	3.28±0.48	10.21±0.06	33.49±1.95

天三萜量达到最大值，比对照增加了 61%。同样，三萜产量在多胺处理后第 2 天达最大值，其中，0.1mmol/L Put 和 1.0mmol/L Put 在处理第 2 天增幅最大，分别比对照增加了 74.31%和 116.37%。

6.2.3 外源多胺对 *LUS* 基因表达的影响

研究结果显示，外源多胺在处理 2d 后三萜积累量达到最大值。白桦悬浮细胞三萜的主要成分之一为白桦脂醇，其合成关键酶羽扇醇合酶的基因 *LUS* 已被克隆。为进一步从转录水平验证外源多胺对白桦三萜合成的影响，本课题组利用 RT-PCR

方法分析了外源多胺对 *LUS* 基因表达的影响。研究发现，*LUS* 基因表达对多胺的响应趋势与三萜积累趋势相同（图 6-12），其中，1.0mmol/L Spd 和 1.0mmol/L Put 促进效应较大，分别比对照增加了 50.03%和 35.71%。

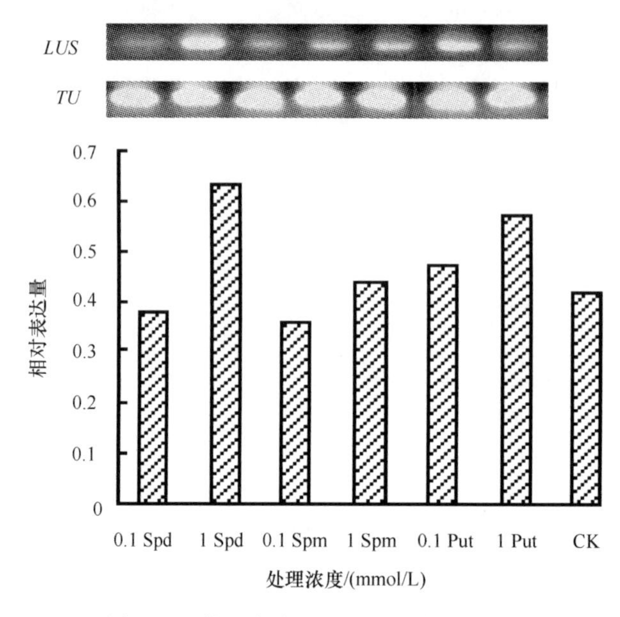

图 6-12　外源多胺对 *LUS* 基因表达的影响

6.2.4　真菌诱导子与腐胺（Put）对白桦悬浮细胞活力的影响

在白桦悬浮细胞培养的第 8 天，分别添加 40μg/L 真菌诱导子、1mmol/L Put、真菌诱导子与 Put、真菌诱导子与多胺抑制剂 D-Arg，在处理后 48h 将细胞转移至新培养液中进行恢复处理 6~48h，TTC 法分析各种处理下白桦悬浮细胞的活力（图 6-13）。1mmol/L Put 处理使白桦悬浮细胞活力提高了 0.31%~12.71%，其中 Put 处理 24h 达到最大值 0.97，之后开始下降至平稳水平；真菌诱导子处理后白桦悬浮细胞活力下降了 7.09%~22.34%，在恢复处理后细胞活力有增加趋势，但未达到对照水平；在真菌诱导子处理的白桦细胞中添加 1mmol/L Put，细胞活力呈上升趋势，但未恢复到对照水平；在真菌诱导子处理的白桦细胞中添加多胺抑制剂 D-Arg，细胞活力下降了 25.71%~42.21%，在恢复处理后细胞活力有增加趋势，但未达到对照水平。从上述结果可知，Put 促进了细胞的生长，而真菌诱导子抑制了细胞的生长，细胞恢复处理后细胞活力有增加趋势。

6.2.5　真菌诱导子与 Put 对白桦悬浮细胞干重的影响

将 40μg/L 真菌诱导子、1mmol/L Put、真菌诱导子与 Put、真菌诱导子与多胺

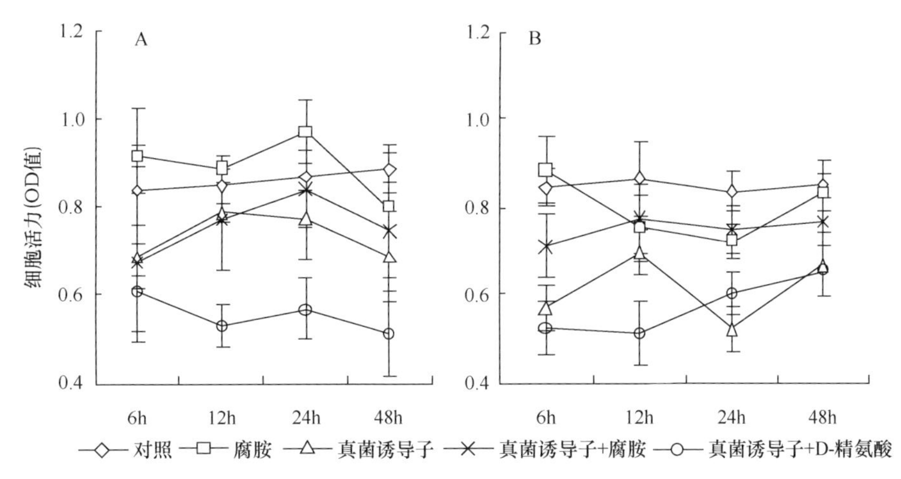

图 6-13　不同处理后的白桦悬浮细胞活力

A. 处理；B. 恢复处理

抑制剂 D-Arg 分别添加到培养 8d 的白桦悬浮细胞培养体系中，在不同处理 48h 后将细胞转移至新培养液中进行恢复处理 6~48h，分析不同处理下白桦悬浮细胞的干重（图 6-14）。Put 处理使细胞的干重提高了 2.15%~13.95%，在恢复处理后 Put 对细胞干重积累的促进效应逐渐减弱，到恢复 24h 时已接近对照水平；真菌诱导子处理后细胞干重降低了 4.43%~25.67%，恢复处理后细胞干重呈增加趋势，但未达到对照水平；在真菌诱导子处理的培养体系中添加 Put，在处理 24h 后细胞干重呈上升趋势，但未恢复到对照水平；在真菌诱导子处理的白桦细胞中添加 D-Arg，细胞干重降低了 14.03%~24.69%，恢复处理后细胞干重呈增加趋势，但未达到对照水平。由上述结果可知，真菌诱导子抑制了细胞的生长，恢复处理或添加 Put 均能使细胞干重增加，该结果与细胞活力一致。

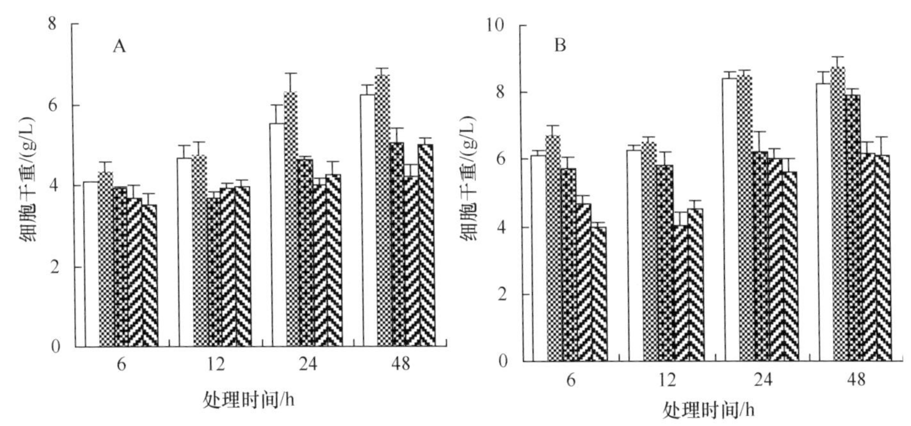

图 6-14　不同处理后的白桦悬浮细胞干重

A. 处理；B. 恢复处理

6.2.6 真菌诱导子与 Put 对白桦悬浮细胞中多胺含量的影响

根据表 6-2，添加外源 Put 后，白桦悬浮细胞中游离的 Put 含量在 6~24h 迅速上升，比对照增加了 37~63 倍，而 Spd 含量在 6~24h 与对照相比增幅较低，但在 48h 时，Spd 的含量比对照增加了 4.8 倍。真菌处理后，细胞中 Put 和 Spd 的含量在 6~24h 都有不同程度的增加，分别比对照增加了 293%（12h）和 12.70%（6h），但随处理时间延长多胺含量开始下降。Put 与真菌诱导子共同作用下，6~24h Put 的含量相比单独 Put 处理略低 4.49%（12h）~25.7%（6h），但从 24h 开始，细胞中 Put 含量显著上升，在 48h 时比对照 Put 增加了 57.59%。细胞中 Spd 含量的变化趋势同 Put，表明在真菌诱导子诱导下，多胺含量在 24~48h 有明显上升趋势。在真菌诱导子的白桦悬浮细胞培养体系中加入多胺合成抑制剂 D-Arg 后，白桦细胞中 Put 和 Spd 含量均比单独真菌处理降低了。

表 6-2　不同处理后白桦悬浮细胞中多胺含量的变化

处理时间/h	处理方法	Put 含量/（nmol/g）	Spd 含量/（nmol/g）
6	CK	0.74±0.05	11.89±1.21
	Put	28.02±1.95	9.04±1.05
	真菌诱导子	1.11±0.08	13.4±0.00
	真菌诱导子+Put	20.82±1.90	6.88±0.31
	真菌诱导子+D-Arg	0.16±0.01	5.12±0.67
12	CK	0.87±0.08	13.69±0.50
	Put	44.95±1.76	8.13±0.60
	真菌诱导子	3.42±0.14	14.31±1.79
	真菌诱导子+Put	42.93±1.17	11.81±0.20
	真菌诱导子+D-Arg	1.07±0.04	5.39±0.40
24	CK	1.23±0.08	12.31±0.24
	Put	77.65±1.94	10.31±0.99
	真菌诱导子	2.45±0.06	6.6±0.33
	真菌诱导子+Put	69.98±1.32	6.43±0.40
	真菌诱导子+D-Arg	0.99±0.02	6.04±0.31
48	CK	1.46±0.03	10.08±0.35
	Put	44.05±1.01	48.3±0.18
	真菌诱导子	1.01±0.02	5.68±0.23
	真菌诱导子+Put	69.42±1.60	9.3±0.05
	真菌诱导子+D-Arg	1.15±0.03	4.55±0.03

在不同处理 48h 后，通过更换新培养基对细胞进行恢复处理，如表 6-3 所示，Put 处理的细胞在经过恢复后，Put 和 Spd 的含量有所下降，但仍然高于对照。真

菌诱导子处理的细胞在恢复后细胞内多胺含量呈降低趋势，且基本低于对照水平。真菌诱导子与多胺抑制剂 D-Arg 处理的细胞经恢复处理后，多胺含量呈增加的趋势，其中 Spd 含量均高于对照水平。

表 6-3　恢复处理后白桦悬浮细胞中多胺含量的变化

恢复时间/h	处理方法	Put 含量/（nmol/g）	Spd 含量/（nmol/g）
6	CK	0.36±0.00	4.79±0.00
	Put	27.75±0.76	5.44±0.64
	真菌诱导子	0.21±0.01	4.06±0.33
	真菌诱导子+Put	30.97±1.98	7.66±0.92
	真菌诱导子+D-Arg	0.45±0.04	6.23±0.31
12	CK	1.17±0.01	3.57±0.04
	Put	20.96±1.82	5.24±0.48
	真菌诱导子	0.72±0.05	2.86±0.45
	真菌诱导子+Put	13.09±1.82	4.89±0.64
	真菌诱导子+D-Arg	2.7±0.08	7.24±0.52
24	CK	2.25±0.06	6.14±1.27
	Put	6.33±0.73	8.16±0.64
	真菌诱导子	1.39±0.03	8.68±0.63
	真菌诱导子+Put	18.68±1.11	14.4±0.78
	真菌诱导子+D-Arg	0.93±0.03	9.95±0.20
48	CK	2.86±0.06	6.89±0.89
	Put	6.73±0.65	18.69±0.92
	真菌诱导子	1.56±0.02	11.92±0.87
	真菌诱导子+Put	16.08±1.00	8.84±0.22
	真菌诱导子+D-Arg	0.46±0.02	8.66±0.32

6.2.7　真菌诱导子与 Put 对白桦悬浮细胞中三萜产量的影响

将 40μg/L 真菌诱导子、1mmol/L Put、真菌诱导子与 Put、真菌诱导子与多胺抑制剂 D-Arg 分别添加到培养 8d 的白桦悬浮细胞培养体系中，在不同处理 48h 后将细胞转移至新培养液中进行恢复处理 6~48h，分析不同处理下白桦悬浮细胞中三萜含量和产量（图 6-15）。

1mmol/L Put 处理后，三萜含量和产量呈增加趋势，其中在处理后 24h 增幅最大，三萜含量和产量分别比对照提高了 30.34%和 48.52%，在恢复处理后 Put 对白桦三萜积累的促进效应逐渐减弱，到恢复后 48h 已接近对照水平；真菌诱导子处理后三萜含量和产量也呈增加趋势，其中在处理后 24h 增幅最大，三萜含量和产量分别比对照提高了 68.54%和 41.31%，在恢复处理 12h 后这种促进效应明显降低，到 48h 时已接近对照水平；在真菌诱导子与 Put 同时处理下，三萜含量的增幅与单独真菌诱导子处理相近，未进一步增加，而三萜产量却低于单独真菌或 Put 处理。

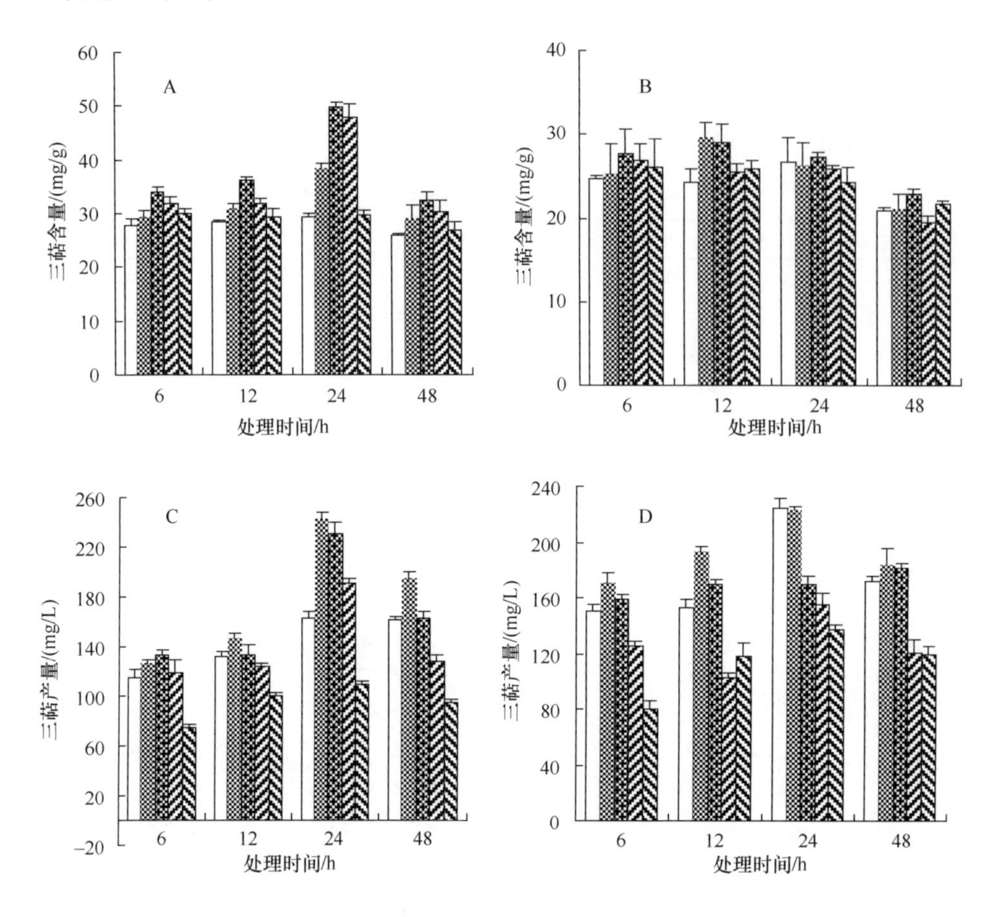

图 6-15 不同处理后白桦悬浮细胞中三萜积累量的变化

A、C. 处理；B、D. 恢复处理

在恢复处理后这种促进效应降低，随着恢复时间的延长逐渐接近对照水平；在真菌诱导子与 D-Arg 同时处理下，三萜含量和产量的积累量被明显抑制了，其中三萜含量被抑制了 11.36%~40.57%，在恢复处理后这种抑制效应逐渐缓解。从上述结果可知，真菌诱导子与 Put 均促进了白桦悬浮细胞中三萜的合成，而在真菌诱导子的白桦悬浮细胞培养体系中加入多胺合成抑制剂 D-Arg 后，这种促进效应被部分抑制了，由此可以初步推断，多胺介导了真菌诱导白桦三萜的合成。

6.2.8 小结

1）除 1.0mmol/L Spm 处理使白桦悬浮细胞活力和干重积累降低外，其他处理大部分提高了白桦悬浮细胞的活力、干重积累和三萜产量，且随着处理时间的延长，干重积累和三萜产量呈增加趋势。其中 1.0mmol/L Put 在处理的第 2 天对细胞干重和三萜产量的促进效应最大，分别比对照增加了 38.89%和 116.35%。*LUS* 基因的 RT-PCR 结果进一步证实了多胺对白桦三萜积累的促进作用。

2）真菌诱导子或 Put 处理后，白桦悬浮细胞中的多胺量、三萜量和产量均呈增加趋势，其中处理 24h 时，三萜量达到最大值，分别增加了 68.54%和 30.34%。真菌诱导子和 Put 共同处理虽提高了三萜量，但其产量低于真菌诱导子单独处理。真菌诱导子和 D-Arg 共同处理后三萜量低于真菌诱导子单独处理，处理 24h 时降低程度最高，为 40.57%。恢复实验发现，随着恢复时间的延长，真菌诱导子、Put，以及真菌诱导子与 D-Arg 对白桦三萜合成的影响逐渐减弱，恢复到对照水平。由此可见，多胺介导了真菌诱导子促进白桦悬浮细胞中三萜的合成过程。

6.3 H_2O_2 介导真菌诱导子促进白桦三萜的积累

H_2O_2 是植物体内一种常见的信号分子，在植物生长发育和抗逆过程中起着重要作用[21-23]。H_2O_2 和次生代谢物的积累均是植物逆境下的表征，二者是否有关联？杨芳等的研究发现，10μmol/L H_2O_2 处理下丹参细胞中丹参酚酸比对照组的增加了 2.43 倍[24]，方芳等发现外源 H_2O_2 只引起茅苍术细胞中苍术醇和 β-桉叶醇量的增加，对其他挥发油的积累没有促进作用[25]。而本研究发现，外源 H_2O_2 促进了白桦脂醇的积累，1mmol/L H_2O_2 处理 12h，白桦脂醇含量比对照增加了 89.45%；0.1mmol/L H_2O_2 处理 24h，比对照增加了 73.72%。由此可知，外源 H_2O_2 对次生代谢物积累的影响存在种类效应、浓度和时间效应。

真菌诱导子（fungal elicitor）是来源于真菌的一种特定化学信号，在植物与真菌的相互作用中，能快速、高度专一和选择性地诱导植物特定基因的表达，进而活化特定次生代谢途径，积累特定的目的次生产物[9, 26]。然而，目前对真菌诱导子诱发植物细胞中次生代谢产物合成积累的信号转导等分子机制尚不十分清楚。一般认为真菌诱导子作为一种胞外刺激物，首先与植物细胞膜上的特定受体识别并结合，进而促进细胞产生一些特定的胞内信使物质并通过相应的信号转导途径调控细胞核中相关基因的表达，最终激活细胞中的防御性次生代谢系统。H_2O_2 的迸发是植物细胞在各种生物及非生物逆境胁迫下普遍出现的特征性反应之一，H_2O_2 被认为是真菌诱导子诱发植物细胞防卫反应的主要胞内信使物质之一[9]。本研究将真菌诱导子添加到白桦悬浮细胞培养体系中，发现白桦细胞中 H_2O_2 的荧光强度和白桦脂醇含量均增加了，而在真菌诱导子与 H_2O_2 清除剂过氧化氢酶（CAT）共同处理下，白桦悬浮细胞中白桦脂醇含量和 H_2O_2 的荧光强度均低于真菌诱导子处理的，由此可见，由真菌诱导子诱发产生的 H_2O_2 是白桦细胞中白桦脂醇合成积累所必需的信号分子，这与方芳等的研究一致，即内源 H_2O_2 介导了内生真菌 AL4 诱导子促进茅苍术悬浮细胞挥发油的合成[25]，初步证明 H_2O_2 参与了真菌诱导子促进白桦脂醇积累的过程。

另外，作者发现真菌诱导子虽然促进了白桦脂醇的合成，却抑制了白桦细胞的生长。在本试验中，外源 H_2O_2 的添加降低了白桦细胞的活力和干物质的积累量，而真菌诱导子处理后细胞生长的抑制可被添加的 CAT 部分缓解，因此推断，真菌诱导子激发的 H_2O_2 是抑制细胞生长的因子之一。

本试验同时表明，H_2O_2 的清除剂 CAT 虽然可以抑制真菌诱导子处理后白桦脂醇的积累，但不能完全阻断真菌诱导子对白桦脂醇积累的促进作用，说明虽然 H_2O_2 是介导真菌诱导子促进白桦脂醇积累的信号分子，但不是唯一的信号分子，这同时也暗示真菌诱导子促进植物次生代谢物积累的复杂性，需要检测更多的信号分子来揭示其诱导合成代谢物的机制。综上所述，本实验利用药理学实验推断 H_2O_2 参与了真菌诱导子诱导白桦脂醇积累的过程，H_2O_2 如何介导真菌诱导白桦脂醇合成的机制还有待于进一步研究。

6.3.1 外源 H_2O_2 对白桦悬浮细胞生长和白桦脂醇含量的影响

将 0.1mmol/L 和 1mmol/L H_2O_2 分别添加到培养 8d 的白桦悬浮细胞培养体系中，分析 H_2O_2 处理对白桦悬浮细胞活力、干重和白桦脂醇含量的影响（图 6-16）。

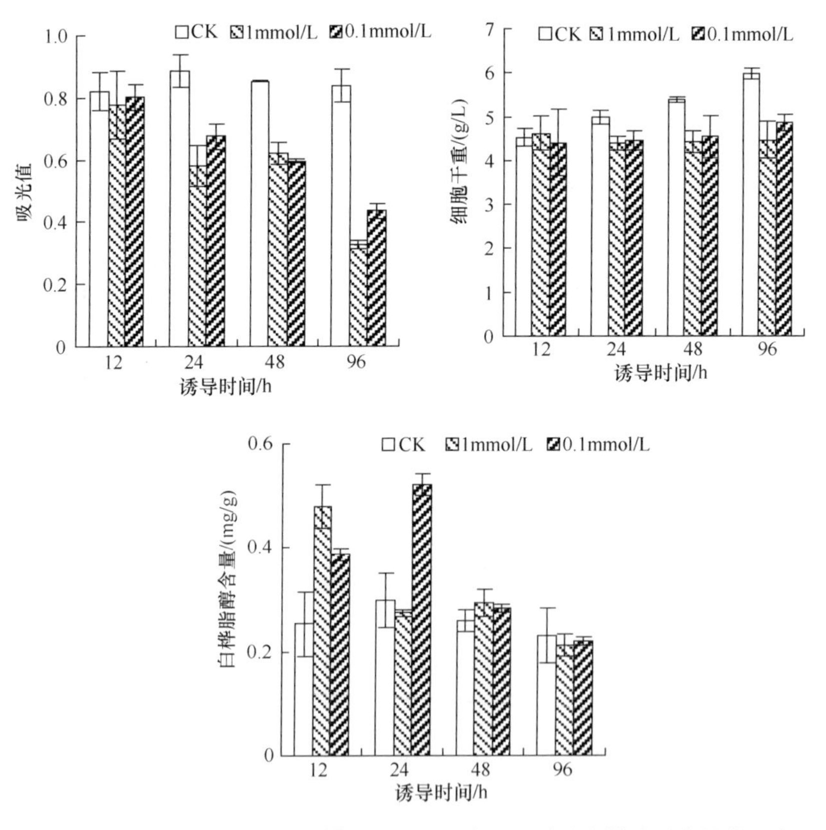

图 6-16 外源 H_2O_2 对白桦悬浮细胞活力、干重和白桦脂醇含量的影响

研究发现，0.1mmol/L 和 1mmol/L H_2O_2 处理均降低了白桦细胞的活力和干重的积累量，并且均随 H_2O_2 处理时间的延长降低幅度增大。其中，1mmol/L H_2O_2 比 0.1mmol/L H_2O_2 降低幅度大，在 H_2O_2 处理的 96h 时，白桦细胞活力和干重分别降低了 61.02%和 25.16%。对白桦脂醇含量的分析发现，1mmol/L H_2O_2 处理 12h 后，白桦脂醇含量比对照增加了 89.45%，而后随着处理时间的延长降低至对照水平以下。0.1mmol/L H_2O_2 处理后白桦脂醇含量呈先增加后降低的趋势，在处理后 24h 增加率最高，比对照增加了 73.72%。

6.3.2 真菌诱导子对白桦悬浮细胞中 H_2O_2 含量的影响

2′-7′-二氯荧光黄双乙酸盐（DCFH-DA）本身没有荧光，可以自由穿过细胞膜，进入细胞后，可以被细胞内的酯酶水解生成二氯荧光素（DCFH）。而 DCFH 不能透过细胞膜，从而使探针很容易被装载到细胞内。细胞内的活性氧可以氧化无荧光的 DCFH 生成有荧光的 DCF。因此 DCF 荧光强弱反映了细胞内 H_2O_2 的含量。真菌诱导后白桦悬浮细胞中 H_2O_2 的含量如图 6-17 所示，白桦细胞中 H_2O_2 的荧光强度随真菌处理时间的延长呈先增强后减弱的趋势，其中，细胞内 H_2O_2 的荧光强度在真菌后 12h 和 24h，分别比对照增加了 517.18%和 391.67%。由此可见，真菌诱导后白桦悬浮细胞中 H_2O_2 的含量增加了。而在真菌诱导前 20min 添加 H_2O_2 清除剂过氧化氢酶（CAT）后，细胞中 H_2O_2 的荧光强度从真菌诱导后的 74.39 降低到 20.01，但仍高于对照水平。

6.3.3 真菌诱导子对白桦悬浮细胞活力和白桦脂醇含量的影响

由翟俏丽等的研究可知，真菌诱导子处理后白桦悬浮细胞中 H_2O_2 含量和白桦脂醇含量均增加了，且白桦脂醇含量在 24h 时达到最高值，为此进行 H_2O_2 介导真菌诱导子促进白桦脂醇积累的研究，选择真菌诱导子处理 24h。

如图 6-18 所示，真菌诱导子处理 24h 后，白桦悬浮细胞的活力比对照降低了 27.63%，而在真菌诱导子处理前 20min 添加 H_2O_2 的清除剂过氧化氢酶（CAT），白桦悬浮细胞的活力比真菌诱导后增加了 12.66%。真菌诱导子使白桦脂醇积累量增加 185.22%，添加 CAT 则降低了 35.96%。

6.3.4 小结

外源 H_2O_2 降低了细胞的活力和干重的积累量，却提高了白桦脂醇的含量。其中，1mmol/L H_2O_2 处理 12h，白桦脂醇的含量比对照增加了 89.45%，0.1mmol/L H_2O_2 处理 24h，比对照增加了 73.72%。真菌诱导子促进了白桦悬浮细胞中 H_2O_2

和白桦脂醇的生成，在处理 24h 时，分别比对照增加了 391.67%和 185.22%。H_2O_2 的清除剂过氧化氢酶减弱了真菌诱导子对 H_2O_2 和白桦脂醇的诱导效应。由上述结果初步推断，H_2O_2 参与了真菌诱导子诱导白桦脂醇积累的过程。

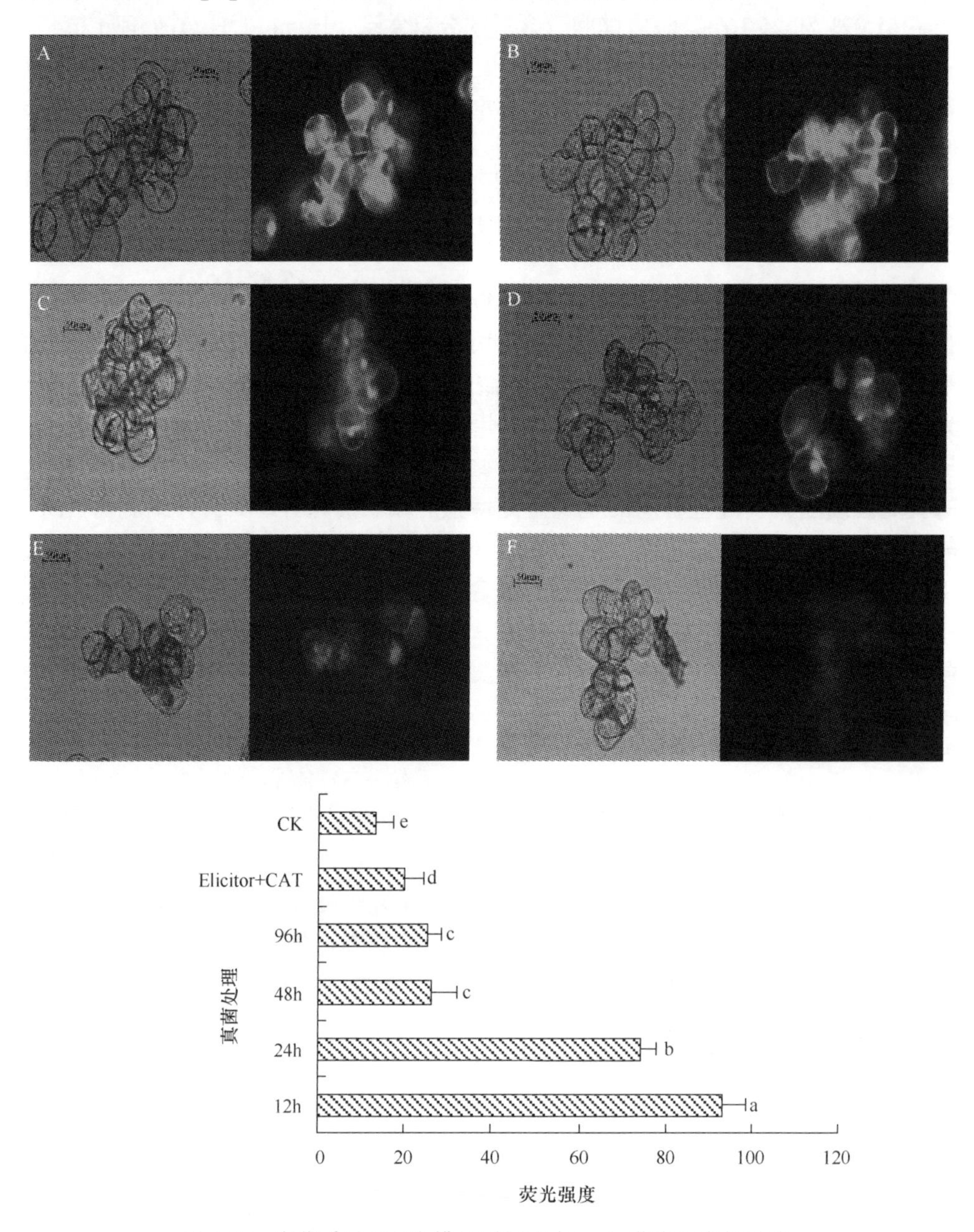

图 6-17 真菌诱导子对白桦悬浮细胞中 H_2O_2 荧光强度的影响

A~D. 真菌处理 12h、24h、48h 和 96h；E. 真菌处理+CAT；F. 对照；不同字母表示差异显著（$p<0.05$，Tukey 分析），下同

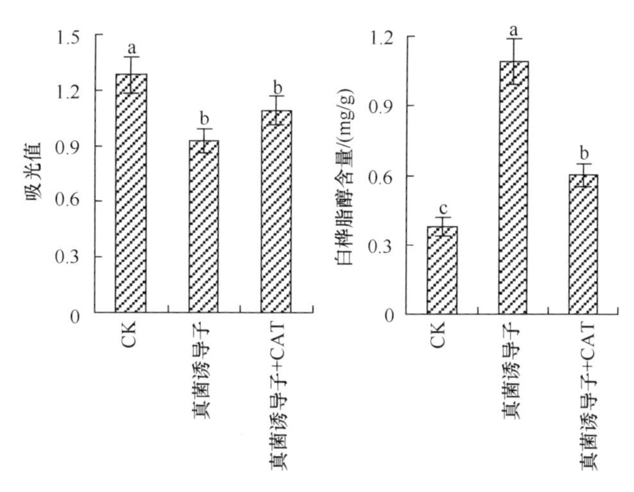

图 6-18 真菌诱导子对白桦悬浮细胞活力和白桦脂醇含量的影响

6.4 PAs 与 NO 在真菌诱导白桦三萜合成中的对话研究

业已证实，多胺可诱导植物组织产生 NO。但不同形式 PAs 的生理效应有较大差别，且植物种类不同也有较大差异[27-30]。Spm 和 Spd 可诱导拟南芥（*Arabidopsis thaliana*）的根尖伸长区和初生叶迅速释放 NO，Put 和精氨酸对 NO 的释放几乎没有影响[31]。对巴西濒危植物南彬（*Araucaria ngustifolia*）悬浮培养组织的研究表明，经 Put 处理的胚发生组织所产生的 NO 要高于经 Spm、Spd 处理的[32]。对 PAs 参与的根离层的研究表明，满江红（*Azolla pinnata* L.）体内产生的 NO 并未受到 3 种主要游离态 PAs 的影响，PAs 诱导的根离层与 NO 无关[9]。由此可知，PAs 对 NO 的诱导释放发生在特定的生理过程中，并且在不同的生理过程中，诱导 NO 的 PAs 类型也存在一定的差异性。

在真菌诱导子促进白桦悬浮细胞合成三萜中，均发现 PAs 或 NO 介导了真菌诱导白桦三萜的合成[33, 34]，对于在真菌诱导形成的 PAs 中，PAs 是否诱导 NO 的形成，如果 PAs 可以诱导 NO 的形成，那么 PAs 诱导的 NO 是否也参与了白桦三萜的合成还未见报道。因此，本节首先利用白桦悬浮细胞分析多胺与 NO 在三萜合成中的关系，其次利用白桦幼苗研究 PAs 与 NO 在真菌诱导白桦三萜合成中的关系。

为此，本研究首先测定了外源 Put 对细胞中 NO 水平的影响。结果表明，外源 Put 可以提高细胞中的 NO 水平，且 Put 诱导的 NO 参与了白桦三萜的合成。进一步通过药理学实验分析发现，多胺合成抑制剂（D-Arg）抑制了真菌诱导 PAs 的合成积累过程，同时降低了真菌处理对 NO 的诱导作用，并且这种抑制效果可以通过添加外源 SNP（NO 供体）有所缓解；NO 抑制剂（L-NAME）抑制细胞中真菌诱导 NO 的合成积累过程，并能通过添加外源 Put 有所缓解。说明在白桦悬浮细胞中 PAs 与 NO 之间存在一种特殊的互作关系，可以通过互作反应提高各自的信号水平。

6.4.1 NO 介导多胺促进白桦悬浮细胞中三萜的合成

6.4.1.1 不同浓度的腐胺对白桦悬浮细胞中 NO 含量的影响

利用紫外分光光度计法和激光共聚焦检测方法同时测定白桦悬浮细胞中的 NO 含量，不同浓度腐胺处理 0.5h、3h、6h、9h、12h、18h、24h、48h 后的 NO 含量及荧光强度测定结果见表 6-4。可以看出，对照中 NO 含量较为稳定，为 20.35~23.10μg/L；0.1mmol/L 腐胺处理白桦悬浮细胞后，NO 含量呈现先增加后减少的趋势，在处理 0.5~9h 过程中持续上升，NO 含量为 33.77~123.10μg/L，为对照的 1.66~5.33 倍，之后逐渐下降，处理 48h 后为 24.10μg/L，基本恢复到对照水平；1mmol/L 腐胺可以不同程度地促进白桦细胞中 NO 含量的增加，处理 3h、9h、12h 后，NO 含量大幅度上升，分别为对照的 4.08 倍、6.23 倍和 6.59 倍，而处理 18h 后，NO 含量为 119.35μg/L，开始下降，直到处理 48h，NO 含量为 55.64μg/L，但始终高于对照水平；5mmol/L 腐胺处理可以诱导 NO 大量积累，处理初期过程中（0.5~9h），NO 含量增长较为平稳，为对照的 2.20~8.12 倍，处理 12h 后 NO 含量急剧上升，为 380.27μg/L，是对照的 16.86 倍，之后仍然继续上升，但幅度较

表 6-4 不同浓度腐胺对 NO 含量和荧光强度的影响

时间/h	处理	NO 含量/（μg/L）	NO 荧光强度
0.5	CK	20.35±0.03	83.21±8.36
	0.1mmol/L	33.77±0.88	123.77±5.56
	1mmol/L	43.77±0.88	156.34±6.38
	5mmol/L	44.81±0.80	175.14±2.76
3	CK	21.31±0.32	86.78±3.75
	0.1mmol/L	55.73±1.15	164.38±4.98
	1mmol/L	86.93±1.12	269.10±1.97
	5mmol/L	97.18±2.53	286.51±3.47
6	CK	21.77±0.53	82.18±1.57
	0.1mmol/L	105.98±0.56	205.63±2.17
	1mmol/L	124.60±0.82	267.38±3.11
	5mmol/L	173.85±2.60	479.62±1.98
9	CK	23.10±2.06	83.57±1.09
	0.1mmol/L	123.10±1.59	192.83±2.29
	1mmol/L	143.89±1.44	327.35±2.87
	5mmol/L	217.56±3.36	554.28±2.09

续表

时间/h	处理	NO 含量/（μg/L）	NO 荧光强度
12	CK	22.56±0.80	87.51±3.13
	0.1mmol/L	93.52±1.36	164.13±2.45
	1mmol/L	148.77±1.00	373.54±1.68
	5mmol/L	380.27±4.07	766.41±2.39
18	CK	21.40±0.91	83.18±1.59
	0.1mmol/L	60.31±1.21	133.80±2.35
	1mmol/L	119.35±1.65	289.56±2.11
	5mmol/L	391.31±3.01	819.25±3.75
24	CK	21.33±0.86	88.17±2.75
	0.1mmol/L	46.39±0.92	103.12±2.54
	1mmol/L	68.56±0.56	197.35±3.65
	5mmol/L	408.60±3.77	830.12±2.76
48	CK	21.43±0.88	82.97±2.86
	0.1mmol/L	24.10±0.82	88.21±1.68
	1mmol/L	55.64±0.91	136.76±2.54
	5mmol/L	410.55±2.33	853.33±4.27

小，处理后 48h，NO 含量达到 410.55μg/L，为对照的 19.16 倍。而外源腐胺处理后的 NO 荧光强度变化与利用化学方法测定的 NO 含量变化一致，其中 1mmol/L 腐胺处理 3h、9h、12h、24h 和 48h 后与对照的 NO 荧光照片见图 6-19 A~F，共同说明了中低浓度腐胺对白桦悬浮细胞中 NO 积累有一定的促进作用，而高浓度腐胺总体上对 NO 积累促进作用较强，特别是处理 12h 后引发 NO 迸发，对 NO 积累的促进作用最强。

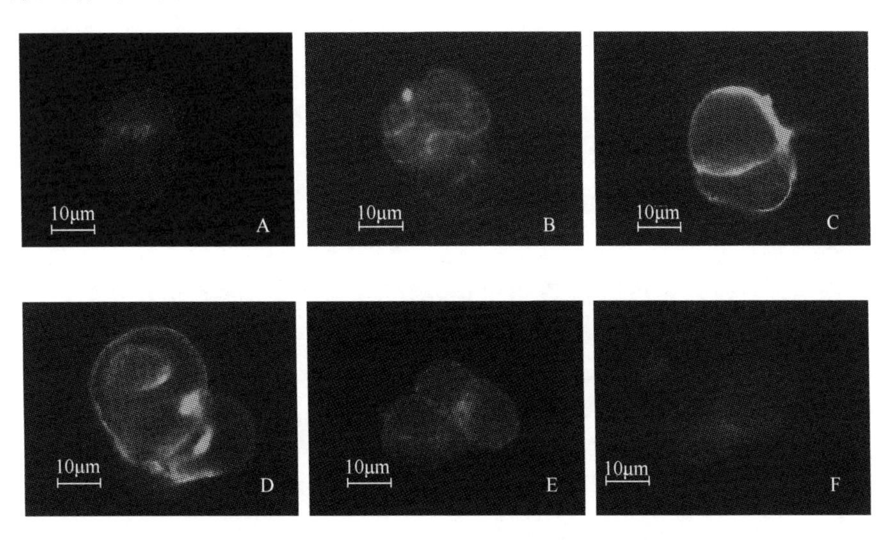

图 6-19　1mmol/L 腐胺处理后白桦悬浮细胞中 NO 荧光强度变化

A. 对照；B. 处理 3h；C. 处理 9h；D. 处理 12h；E. 处理 24h；F. 处理 48h

6.4.1.2 不同浓度的腐胺对白桦悬浮细胞中 NR 和 NOS 活性的影响

由于 NR 为植物中存在的一种诱导酶[35, 36]，因此在未经处理的细胞中，NR 活性较低，为 0.064~0.083U/g，活性较为稳定。腐胺处理提高了白桦悬浮细胞中 NR 活性（图 6-20），具体表现为：0.1mmol/L 腐胺处理后 NR 活性较对照有所增加，处理 3h、6h、9h 和 18h 后有显著增加，分别为对照的 2.07 倍、2.57 倍、2.84 倍和 2.48 倍，其中在处理后 9h NR 活性达到最大值，为 0.171U/g，处理后期 NR 活性提高较小，但始终高于对照水平；1mmol/L 腐胺处理白桦悬浮细胞后 0.5~48h，NR 活性整体呈现先增长后降低的趋势，为 0.164~0.296U/g，特别是处理后 9h 和 12h 后，NR 活性迅速上升，分别达到 0.296U/g 和 0.284U/g，分别为对照的 3.57 倍和 3.85 倍，诱导 12h 后，NR 活性开始降低，处理 48h 后活性仅为 0.164U/g，是对照的 2.10 倍；5mmol/L 腐胺可以使 NR 活性显著升高，酶活性总体呈现先上升后降低的趋势，但始终高于对照，处理 0.5~48h 过程中，酶活性为 0.142~0.318U/g，特别是处理 6h 后，NR 活性达到最大值，与同期对照相比提高了 3.42 倍。

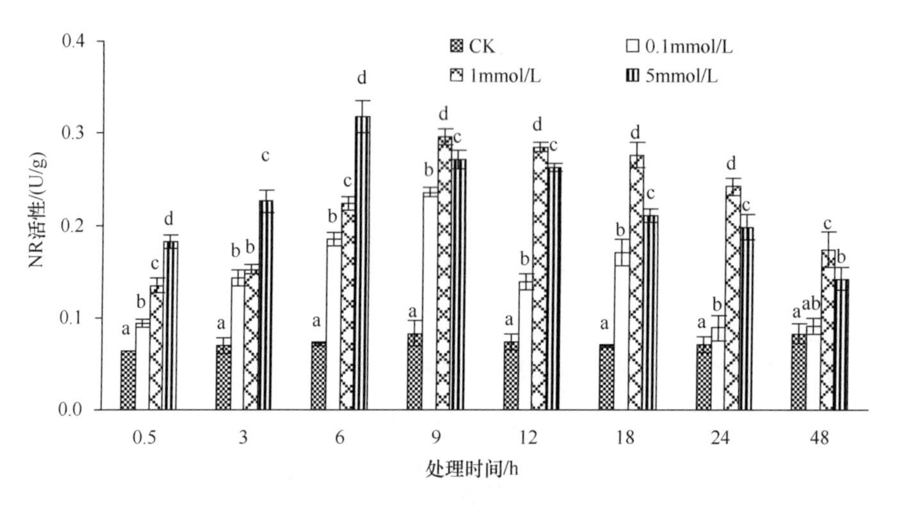

图 6-20 不同浓度腐胺处理对 NR 活性的影响

虽然植物细胞中没有明确的一氧化氮合酶，但将不同浓度腐胺添加在白桦悬浮细胞中后，在细胞内检测到了 NOS 活性（图 6-21）。不同浓度腐胺处理对白桦悬浮细胞 NOS 活性有一定影响。0.1mmol/L 腐胺对 NOS 活性的促进作用表现在处理前期，处理 0.5h 后 NOS 活性提高为对照的 2.42 倍，之后逐渐恢复到对照水平甚至在一定程度上抑制了 NOS 活性，处理 12h 时 NOS 活性仅为对照的 93.20%；1mmol/L 腐胺处理 3h、9h 后，NOS 活性迅速上升，达到两个峰值，分别为 3.75 U/mg protein 和 6.31U/mg protein，分别是同期对照的 2.13 倍和 2.67 倍，处理 0.5h 时略微提高 NOS 活性，高于同期对照的 47.17%（3.12U/mg protein），其余处理时间中，腐胺对 NOS 活性影响较小，但整体上对 NOS 活性的促进作用占主导；5mmol/L

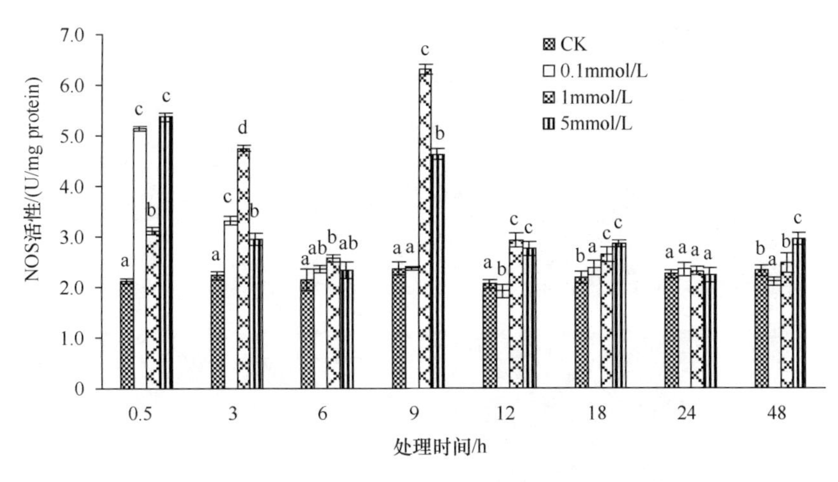

图 6-21 不同浓度腐胺处理对 NOS 活性的影响

腐胺对 NOS 活性影响较小，处理 3h、6h、12h、18h、24h 和 48h 过程中 NOS 活性为 2.33~2.95U/mg protein，仅在处理 0.5h、9h 后，NOS 活性显著上升，分别为 5.37U/mg protein 和 4.63U/mg protein，分别是对照的 2.38 倍和 1.68 倍。综合上述试验结果表明，不同浓度腐胺均可以不同程度地提高细胞中的 NOS 活性。

6.4.1.3 腐胺、硝普钠和 cPITO 对白桦悬浮细胞 NO 含量的影响

利用紫外分光光度计法和激光共聚焦法共同检测 NO 含量，结果见表 6-5 和图 6-22。外源腐胺和硝普钠都能大幅度提高白桦悬浮细胞中的 NO 含量，1mmol/L 腐胺使 NO 含量增加为 108.77μg/L，为对照的 4.76 倍；1mmol/L 硝普钠处理后，NO 含量为 140.65μg/L，比对照增加 5.15 倍；腐胺和 cPITO 共同处理消除了细胞中的 NO，NO 含量为 7.38μg/L，与对照相比下降了 67.72%，为腐胺单独处理的 6.78%。图 6-22 为不同处理后 NO 的荧光照片，也可以说明外源腐胺和硝普钠诱发了 NO 迸发，而 cPTIO 可以基本消除细胞中存在的 NO。

表 6-5 腐胺、硝普钠和 cPITO 处理 12h 对 NO 含量的影响

处理方法	NO 含量/（μg/L）	NO 荧光强度
CK	22.86±1.08	85.33±4.38
1mmol/L Put	108.77±2.33	278.43±10.33
1mmol/L SNP	140.65±3.97	330.44±8.38
1mmol/L Put+150μmol/L cPITO	7.38±1.45	47.30±6.49

6.4.1.4 腐胺、硝普钠和 cPITO 对白桦悬浮细胞 NR、NOS 活性的影响

如图 6-23 所示，对照中 NR 活性较低，为 0.081U/g，1mmol/L 腐胺促使 NR 活性升高，为 0.197U/g，是对照的 2.43 倍；1mmol/L 硝普钠大幅度提高 NR 活性，

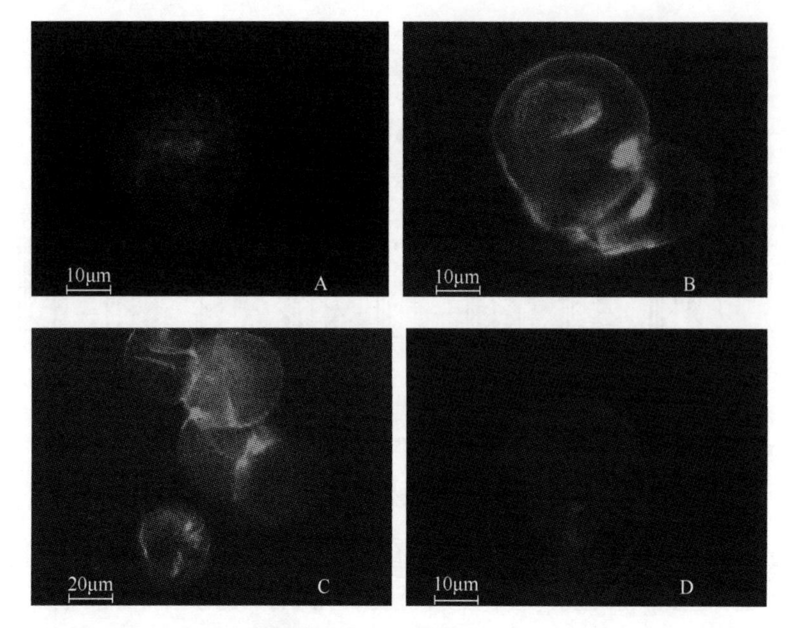

图 6-22 腐胺、硝普钠和 cPITO 处理 12h 对 NO 荧光强度的影响

A. 对照；B. 1mmol/L 腐胺；C. 1mmol/L 硝普钠；D. 1mmol/L 腐胺+150μmol/L cPITO

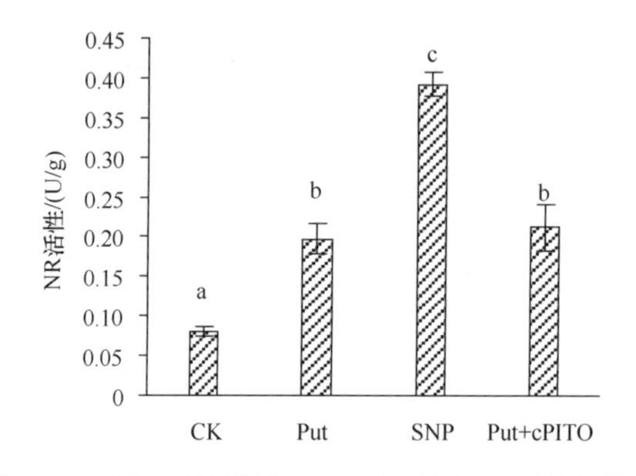

图 6-23 腐胺、硝普钠和 cPITO 处理对 NR 活性的影响

与对照相比提高了 3.84 倍（0.392U/g）；而 cPITO 与腐胺共同处理与腐胺单独处理相比，NR 活性略有提高，但显著高于对照（2.62 倍）。总体而言，外源腐胺、硝普钠和 cPITO 可以不同程度地提高白桦悬浮细胞中的 NR 活性。

图 6-24 中表示的是不同处理后白桦悬浮细胞中 NOS 活性的变化。1mmol/L 腐胺和 1mmol/L 硝普钠促进了细胞中 NOS 活性的上调，分别为 3.31U/mg protein 和 4.72U/mg protein，分别为对照的 1.42 倍和 2.29 倍；腐胺和 cPITO 共同处理也提高了 NOS 活性，NOS 活性与对照相比增加了 60.77%，另外，与腐胺单独处理相比增加了 13.36%，说明 cPITO 的添加进一步诱导了细胞中 NOS 活性。

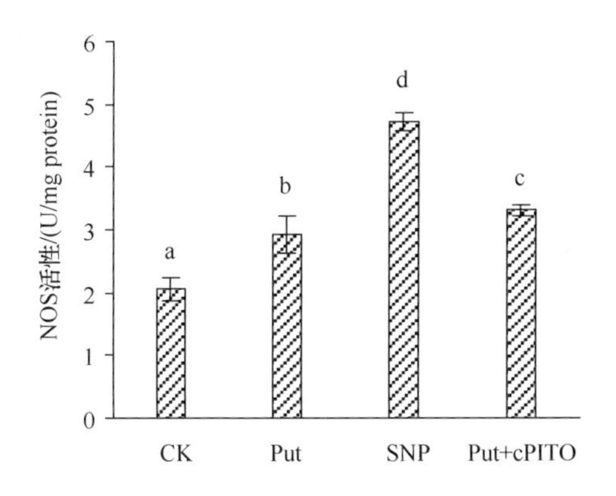

图 6-24 腐胺、硝普钠和 cPITO 处理对 NOS 活性的影响

6.4.1.5 腐胺、硝普钠和 cPITO 对白桦悬浮细胞干重和白桦脂醇积累的影响

用 1mmol/L 腐胺、1mmol/L 硝普钠、1mmol/L 腐胺和 150μmol/L cPITO 处理白桦悬浮细胞 12h 后，细胞干重和白桦脂醇含量的变化见表 6-6。对照中细胞干重为 10.69g/L，腐胺和硝普钠处理后，细胞干重分别为 10.60g/L 和 10.62g/L，虽略有下降，但差异不显著，说明 1mmol/L 腐胺和 1mmol/L 硝普钠对细胞干重积累没有显著的影响，而 1mmol/L 腐胺和 150μmol/L cPITO 共同处理后，白桦悬浮细胞的干重增加为 10.88g/L，与同期对照相比提高 1.78%。综上，外源腐胺和硝普钠单独处理 12h 对白桦悬浮细胞生长的影响较小，而腐胺和 NO 清除剂共同处理则在一定程度上促进了细胞干重积累。

表 6-6 腐胺、硝普钠和 cPITO 对干重和白桦脂醇积累的影响

处理方法	干重/(g/L)	白桦脂醇含量/(mg/g)	白桦脂醇产量/(mg/L)
CK	10.69±0.18	1.83±0.18a	19.56±1.92a
1mmol/L Put	10.60±0.21	4.23±0.19d	44.84±2.01d
1mmol/L SNP	10.62±0.15	3.18±0.15c	33.77±1.59c
1mmol/L Put+150μmol/L cPITO	10.88±0.12	2.31±0.09b	25.13±0.98b

从表中可以看出，1mmol/L 腐胺和 1mmol/L 硝普钠都可以显著促进细胞内白桦脂醇含量增加，1mmol/L 腐胺处理 12h 后白桦脂醇含量和产量分别为 4.23mg/g 和 44.84mg/L，分别是对照的 2.31 倍和 2.29 倍；1mmol/L 硝普钠处理后白桦脂醇含量和产量分别为 3.18mg/g 和 33.77mg/L，分别是对照的 1.74 倍和 1.73 倍；1mmol/L 腐胺和 150μmol/L cPITO 共同处理可以在一定程度上诱导白桦脂醇积累，其含量和产量分别是 2.31mg/g 和 25.13mg/L，与对照相比分别提高了 26.23%和 28.48%，但仅分别为腐胺单独处理的 54.61%和 56.04%。结果表明外源腐胺和硝普钠均诱导了白桦悬浮细胞中白桦脂醇的积累，加入 NO 抑制剂后会在一定程度上抑制腐胺对白桦脂醇的诱导，但总体仍高于对照水平。

6.4.2 真菌诱导白桦三萜合成中多胺与一氧化氮的信号对话研究

6.4.2.1 真菌诱导后白桦幼苗叶片中 NO 含量的变化

利用格里斯试剂检测真菌诱导后白桦幼苗叶片中 NO 的含量，发现真菌诱导后增加了白桦叶片中 NO 含量，且 NO 含量变化呈双峰趋势（图 6-25）。其中两个峰点分别是真菌处理后 0.5d 和 2d，NO 含量分别达到 13.7μg/g FW 和 12.9μg/g FW。而在白桦三萜积累最高的真菌诱导后 1d，NO 含量比对照组增加了 99.85%。

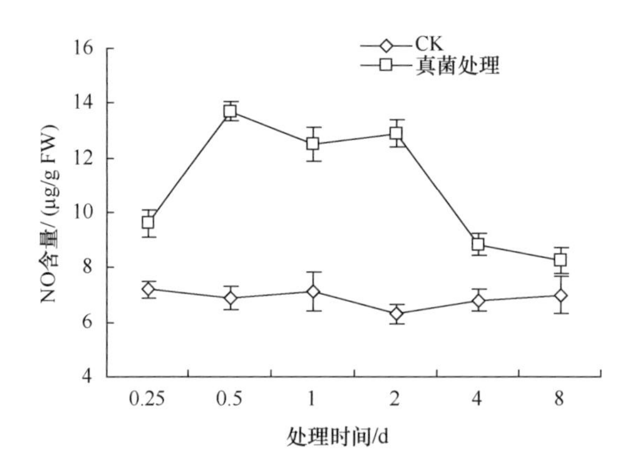

图 6-25 真菌诱导后白桦幼苗叶片中 NO 含量的变化

6.4.2.2 真菌诱导后幼苗叶片中多胺含量的变化

真菌处理后白桦叶片中的 Put、Spd、Spm 和总多胺含量呈先增加后降低的趋势（图 6-26）。其中 Put 含量在真菌处理后第 2 天达到最高值，比对照增加了 66.09%。而 Spd、Spm 和总多胺含量在真菌诱导后第 1 天达到最高值，分别比对照增加了 57.37%、61.89%和 60.59%。

6.4.2.3 真菌诱导子、Put 与 NO 处理对白桦幼苗叶片中 NO 含量的影响

DAF-FM DA 是 NO 专一性荧光探针，可以穿过细胞膜之后被酯酶催化形成 DAF-FM，DAF-FM 荧光强度很弱，但可以与一氧化氮反应，产生强烈荧光，因此采用 DAF-FM DA 荧光探针来测定白桦幼苗叶片中 NO 的含量。真菌诱导子、腐胺与 NO 处理 24h 后，白桦幼苗叶片中 NO 的荧光强度见图 6-27。对照叶片气孔保卫细胞中的 NO 荧光强度很弱，真菌诱导处理后保卫细胞中的 NO 荧光强度显著高于对照水平。1mmol/L Put 处理后，保卫细胞中的 NO 荧光强度也高于对照水平。在真菌诱导白桦幼苗前 20min 喷施一氧化氮合酶抑制剂 L-NAME 后，NO 荧光强度降低，但仍高于对照水平。在真菌诱导白桦幼苗前 20min 喷施多胺合成抑制剂 D-Arg 后，保卫细胞中 NO 荧光强度比真菌处理的降低了，但仍高于真菌

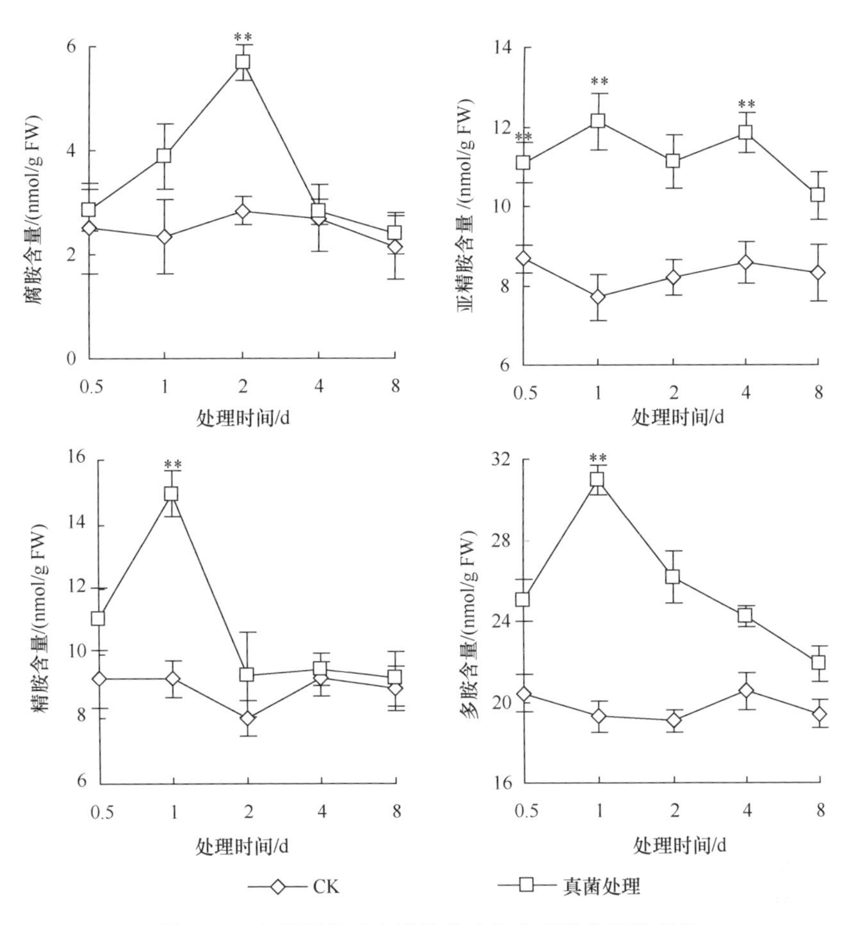

图 6-26　真菌诱导后白桦幼苗叶片中多胺含量的变化

**表示与对照相比在 $p<0.01$ 水平下相关性达到极显著，下同

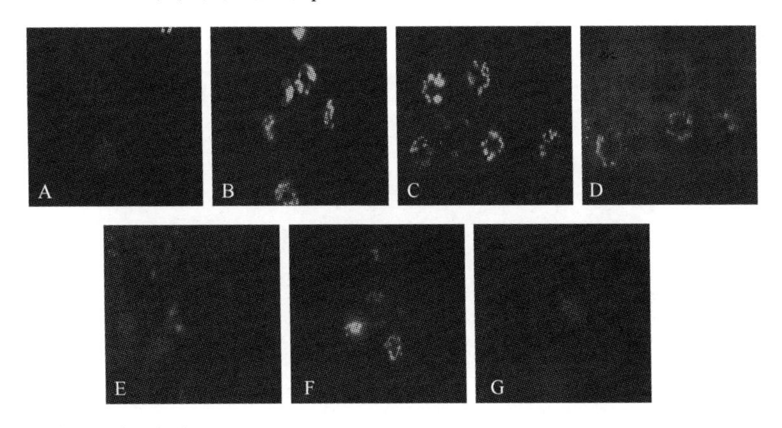

测定的荧光强度平均值：A. 19.61；B. 65.36；C. 72.90；D. 41.78；E. 35.75；F. 46.02；G. 21.05

图 6-27　不同处理后白桦幼苗叶片中保卫细胞的 NO 荧光强度

A. 对照；B. 真菌诱导子；C. SNP；D. Put；E. 真菌诱导子与 L-NAME；F. 真菌诱导子与 D-Arg 共同处理；G. 真菌诱导子与 D-Arg 和 L-NAME 共同处理

诱导与 L-NAME 处理。在真菌诱导白桦幼苗前 20min 同时喷施 D-Arg 和 L-NAME 后，细胞中 NO 荧光强度接近于对照水平。由上述结果可知，真菌诱导子和腐胺均促进了白桦叶片中 NO 的产生。

6.4.2.4 真菌诱导子、Put 与 NO 处理对白桦幼苗叶片中多胺含量的影响

白桦幼苗叶片中的多胺含量如图 6-28 所示，真菌诱导 24h 后，白桦叶片中的 Put、Spd、Spm 和总多胺含量分别比对照增加了 87.93%、45.98%、24.77%和 39.23%；喷施 Put 后，白桦叶片中的 Put、Spd、Spm 和多胺总含量分别比对照增加了 960.88%、64.07%、16.97%和 125.42%；喷施 NO 供体 SNP 后，白桦叶片中的 Put、Spd、Spm 和多胺总含量分别比对照增加了 52.16%、15.85%、2.63% 和 12.61%；在真菌诱导前 20min 喷施多胺合成抑制剂 D-Arg 后，白桦叶片中的多胺含量降低了，其中总多胺含量比对照降低了 42.28%。在真菌诱导前 20min 喷施一氧化氮合酶抑制剂 L-NAME 后，除 Spd 含量增加了 13.81%外，其他多胺均降低了，其中总多胺降低了 5.38%；在真菌诱导前 20min 喷施 D-Arg 和 L-NAME 后，白桦叶片中的多胺含量也降低了，且降低程度与真菌诱导子和 D-Arg 处理接近。

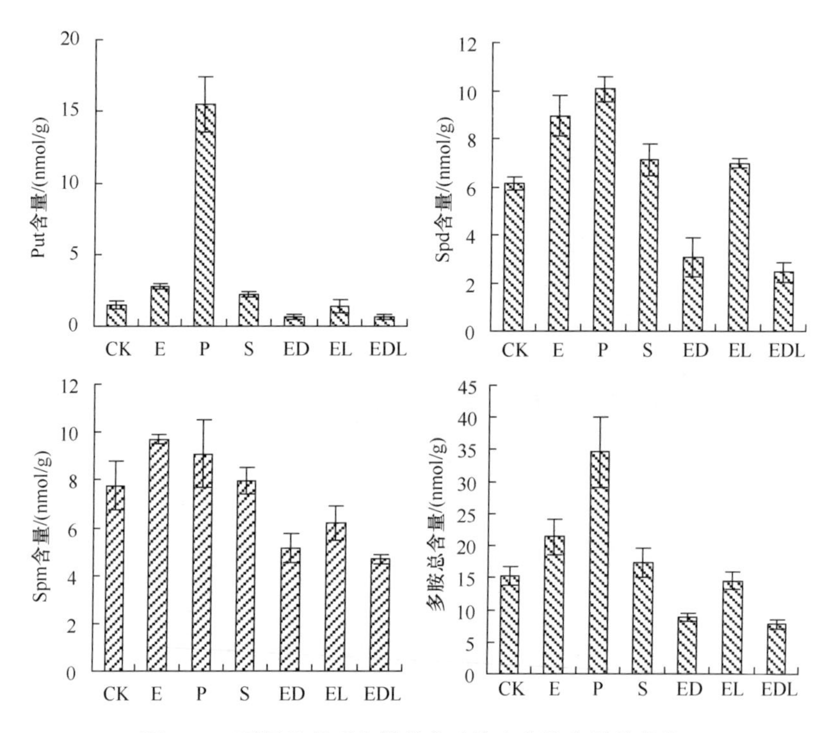

图 6-28　不同处理后白桦幼苗叶片中多胺含量的变化

CK. 对照；E. 真菌诱导子；P. Put；S. SNP；ED. 真菌诱导子与 D-Arg 共同处理；EL. 真菌诱导子与 L-NAME 共同处理；EDL. 真菌诱导子与 D-Arg 和 L-NAME 共同处理

6.4.2.5　真菌诱导子、Put 与 NO 处理对白桦幼苗中三萜含量的影响

白桦幼苗茎中的三萜含量如图 6-29 所示。真菌诱导 24h 后，白桦茎中的三萜含量比对照增加了 93.01%；喷施 Put 后，三萜含量比对照增加了 55.87%；喷施 NO 供体 SNP 后，三萜含量比对照增加了 116.06%；在真菌诱导前 20min 喷施多胺合成抑制剂 D-Arg 后，白桦茎中的三萜含量比真菌诱导后降低了 43.77%。在真菌诱导子与 D-Arg 喷施后的幼苗再喷施 SNP 后，三萜含量比真菌诱导子与 D-Arg 处理增加了 30.91%；在真菌诱导前 20min 喷施一氧化氮合酶抑制剂 L-NAME 后，三萜含量比真菌诱导后降低了 40.93%。在真菌诱导与 L-NAME 喷施后的幼苗再喷施 Put 后，三萜含量比真菌诱导与 L-NAME 处理增加了 30.77%。

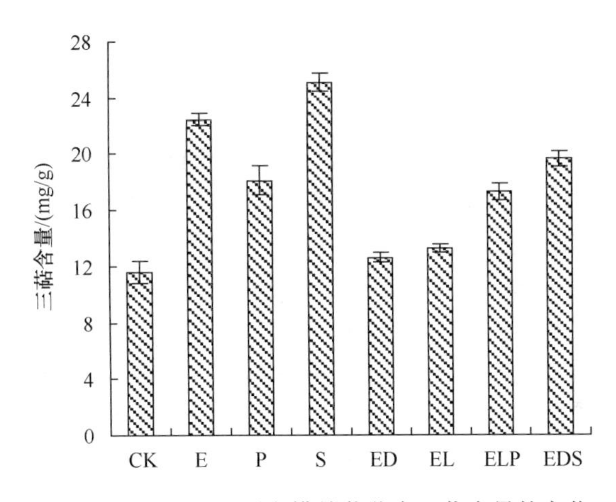

图 6-29　不同处理后白桦幼苗茎中三萜含量的变化

CK. 对照；E. 真菌诱导子；P. Put；S. SNP；ED. 真菌诱导子与 D-Arg 共同处理；EL. 真菌诱导子与 L-NAME 共同处理；ELP. 真菌诱导子与 L-NAME 和 Put 共同处理；EDS. 真菌诱导子与 D-Arg 和 SNP 共同处理

6.4.3　小结

1）不同浓度腐胺可以不同程度地促进白桦悬浮细胞中 NO 的积累，其促进程度依次为 5mmol/L＞1mmol/L＞0.1mmol/L，通过检测 NR 活性及 NOS 活性可以看出，中低浓度腐胺主要通过对 NR 及 NOS 的影响，调节细胞内 NO 的积累；5mmol/L 腐胺处理后 NO 含量与 NR 及 NOS 活性不相符，说明高浓度腐胺可以通过其他途径影响 NO 的代谢过程。

2）结合 NO 含量、NR 与 NOS 活性，以及之前白桦脂醇含量的变化，可以看出中低外源腐胺添加后，对 NO 含量的影响与对白桦脂醇含量影响趋势较为一致，在一定程度上说明外源腐胺诱导产生的 NO 促进了白桦脂醇的生物合成；而高浓度腐胺处理后期促进了 NO 含量增加，却抑制了 NR 活性、NOS 活性及白桦脂醇积累，推测可能高浓度腐胺诱导后期产生高浓度的 NO 抑制了植

物次生代谢产物合成或是外源腐胺通过NR/NOS途径产生的NO介导白桦脂醇的积累。

3）将真菌诱导子、Put、NO 供体硝普钠（SNP）、真菌诱导子与一氧化氮合酶抑制剂（L-NAME）、真菌诱导子与D-Arg喷施到白桦幼苗上，发现真菌诱导增加了白桦叶片中NO荧光强度、多胺含量和三萜含量；Put促进了NO的产生；在真菌诱导子与L-NAME处理下，白桦叶片中NO和三萜的合成被抑制了，而在真菌诱导子与L-NAME处理的白桦叶片上外施Put后，这种抑制效应被缓解了；在真菌诱导子与D-Arg处理下，白桦叶片中多胺和三萜的合成也被抑制了，而在真菌诱导子与D-Arg处理的白桦叶片中外施SNP后，这种抑制效应也被缓解了。从上述结果可以初步推断，Put与NO在真菌诱导白桦三萜合成中存在交叉对话。

6.5　多胺与过氧化氢在真菌诱导白桦三萜合成中的对话研究

在应用植物组织培养生产药用次生代谢物的研究中，次生代谢产物的低产现象是制约细胞培养植物天然产物技术产业化应用的核心问题之一，理解和掌握植物细胞次生代谢调控规律是解决这一问题的基础[36, 37]。在调控植物细胞次生代谢物合成的研究中发现，诱导子可以迅速、专一和选择性地诱导植物多种次生代谢物的合成[38]，如齐香君等发现真菌诱导子和Co^{2+}促进了黄芩毛状根中黄芩苷的合成[39]；Onrubia 等发现冠菌素和茉莉酸甲酯促进了紫杉烷类的合成[40]。可见，诱导子是提高植物次生代谢物产量的方法之一。

在诱导子促进次生代谢物合成的机制中发现，诱导子作为外界刺激因子本身并不直接参与细胞内的次生代谢过程，因此在植物细胞内必然存在着相关的胞内信号分子和响应的信号转导机制来感受并传递外界因子的刺激[41]。目前报道的参与植物次生代谢物合成调控的信号分子有水杨酸（SA）、茉莉酸（JA）、钙离子（Ca^{2+}）、一氧化氮（NO）、多胺（PAs）和活性氧（ROS）等[24, 42-44]。但植物细胞次生代谢信号调控是一个十分复杂的系统，虽然近年来有关植物细胞次生代谢产物合成信号调控方面的研究取得了一定的进展，但是目前离完全了解植物次生代谢信号转导机制还有很大距离。例如，国内外学者在PAs的研究中发现，PAs的分解代谢产物之一为过氧化氢（H_2O_2）[45]，而H_2O_2是介导次生代谢产物合成的必需信号分子。那么，PAs是否介导其分解代谢物H_2O_2调控次生代谢物的合成，PAs与H_2O_2调控次生代谢物合成中是否存在交互作用，关于此方面的研究还未见报道。

为此，本研究在前期研究的基础上，以高产三萜的白桦悬浮细胞系为材料[46]，以 *Phomopsis* 为真菌诱导子[47]，分析外源PAs与H_2O_2，以及真菌诱导的内源PAs与H_2O_2在调控白桦三萜中的相互作用，该研究将为理解PAs、H_2O_2，以及真菌诱导子诱发植物次生代谢产物合成的信号转导机制提供理论基础。

6.5.1 外源 Put 和 H_2O_2 处理对白桦悬浮细胞中 H_2O_2 荧光强度的影响

1mmol/L Put 与 0.1mmol/L H_2O_2 处理 24h 后白桦悬浮细胞中 H_2O_2 的荧光强度如图 6-30 所示。H_2O_2 处理后白桦悬浮细胞中 H_2O_2 荧光强度比对照增加了 204.59%（图 6-30A），Put 处理后细胞中的 H_2O_2 荧光强度比对照增加了 31.60%（图 6-30B），Put 与 H_2O_2 同时处理后细胞中的 H_2O_2 荧光强度比对照增加了 117.11%（图 6-30C）。上述结果表明，Put 可以促进 H_2O_2 的产生，同时 Put 可以部分清除细胞中的 H_2O_2。

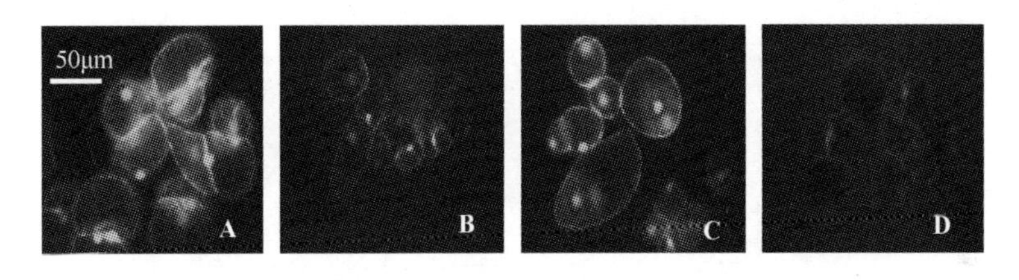

荧光强度：A. 64.97±3.25；B. 28.07±2.26；C. 46.31±3.01；D. 21.33±1.58

图 6-30 Put 与 H_2O_2 处理对白桦悬浮细胞中 H_2O_2 荧光强度的影响

A. H_2O_2 处理；B. Put 处理；C. Put+ H_2O_2 处理；D. 对照

6.5.2 外源 Put 和 H_2O_2 处理对白桦悬浮细胞中多胺含量的影响

1mmol/L Put 与 0.1mmol/L H_2O_2 处理 24h 后白桦悬浮细胞中多胺含量如图 6-31 所示，Put 处理后白桦悬浮细胞中的 Put、Spd 和 Spm 分别比对照增加了 600.16%、1.41%和 26.92%；H_2O_2 处理后细胞中的 Spd 和 Spm 分别比对照降低了 14.98%和 31.90%，而 Put 却增加了 0.36%；Put 与 H_2O_2 同时处理后，细胞中的 3 种多胺含量介于 Put 和 H_2O_2 处理之间。上述结果表明，0.1mmol/L H_2O_2 对多胺合成存在抑制作用，而添加 Put 后这种抑制作用可被解除。

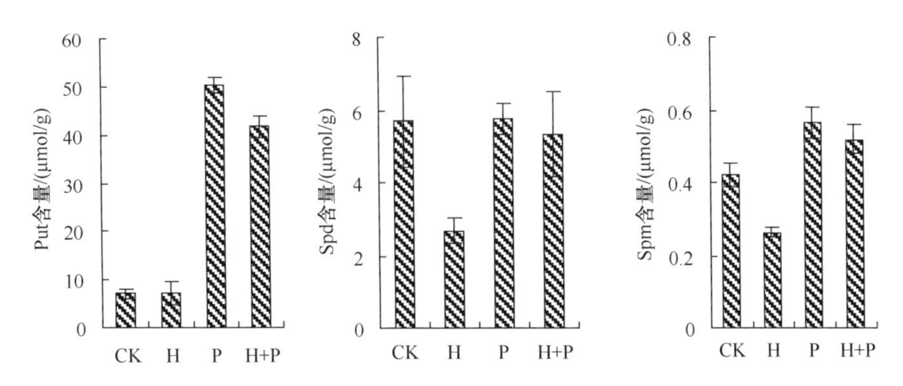

图 6-31 外源 Put 与 H_2O_2 对白桦悬浮细胞中 Put、Spd 和 Spm 含量的影响

CK. 对照；H. H_2O_2 处理；P. Put 处理；H+P. H_2O_2+Put 处理

6.5.3 外源 Put 和 H_2O_2 对白桦悬浮细胞活力和三萜含量的影响

0.1mmol/L H_2O_2 和 1mmol/L Put 处理 24h 后白桦悬浮细胞的活力如图 6-32A 所示。Put、Put 与 H_2O_2 处理下白桦悬浮细胞活力分别比对照增加 19.45%和 3.67%，而 H_2O_2 处理后白桦悬浮细胞活力比对照降低了 7.59%。

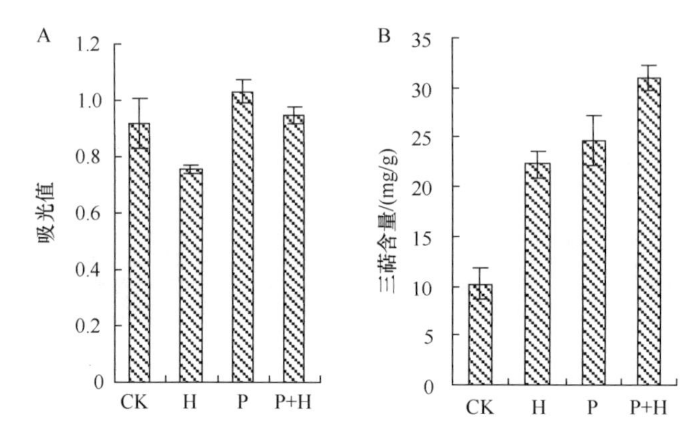

图 6-32 外源 Put 与 H_2O_2 对白桦悬浮细胞活力和三萜含量的影响

CK. 对照；H. H_2O_2 处理；P. Put 处理；P+H. Put+H_2O_2 处理

Put 和 H_2O_2 处理后白桦悬浮细胞中的三萜含量如图 6-32B 所示，Put 和 H_2O_2 处理后悬浮细胞中的三萜含量分别比对照增加了 153%和 122%，Put 与 H_2O_2 共同处理后细胞中三萜含量比 Put 和 H_2O_2 处理下的三萜含量分别增加了 44.32%和 64.29%。

6.5.4 真菌诱导子对白桦悬浮细胞中 H_2O_2 荧光强度的影响

真菌诱导子处理 24h 后白桦悬浮细胞中 H_2O_2 荧光强度如图 6-33 所示，真菌诱导子处理后白桦悬浮细胞中 H_2O_2 的荧光强度比对照增加了 370.52%；真菌诱导子与多胺合成抑制剂 D-Arg 处理后，悬浮细胞中的 H_2O_2 荧光强度比真菌诱导子单独处理降低了 17.21%，但仍高于对照水平；真菌诱导子与 H_2O_2 清除剂 CAT 处理后，细胞中 H_2O_2 荧光强度比真菌诱导子处理降低了 46.09%，但仍高于对照水

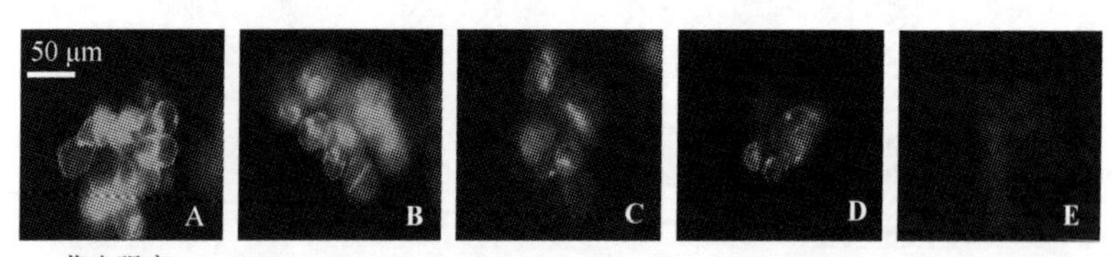

荧光强度：A. 74.39±5.27；B. 61.59±5.01；C. 40.10±3.32；D. 36.02±4.85；E. 15.81±2.56

图 6-33 真菌诱导子处理对白桦悬浮细胞中 H_2O_2 荧光强度的影响

A. 真菌诱导子；B. 真菌诱导子+多胺合成抑制剂（D-Arg）；C. 真菌诱导子+过氧化氢清除剂（CAT）；D. 真菌诱导子+D-Arg+CAT；E. 对照

平；在真菌诱导子处理的白桦悬浮细胞培养体系中同时添加 D-Arg 和 CAT 后，细胞中 H_2O_2 荧光强度比真菌诱导子处理降低了 51.58%，但仍高于对照水平。

6.5.5 真菌诱导子处理对白桦悬浮细胞中多胺含量的影响

真菌诱导子处理后白桦悬浮细胞中的 Put、Spd 和 Spm 含量分别比对照增加了 75.04%、40.48%和 6.62%（图 6-34）。在真菌诱导的白桦悬浮细胞培养体系中添加多胺合成抑制剂 D-Arg 后，细胞中的 3 种多胺含量均降低了，其中 Put 和 Spd 接近于对照水平，而 Spm 含量比对照降低了 31.16%；在真菌诱导的白桦悬浮细胞培养体系中添加 H_2O_2 清除剂 CAT 后，除 Spd 含量比单独真菌诱导增加了 16.05% 外，Put 和 Spm 含量均未比真菌处理后提高；在真菌诱导的白桦悬浮细胞培养体系中同时添加 D-Arg 与 CAT 后，Put、Spd 和 Spm 分别比对照降低了 12.66%、54.70% 和 50.73%。

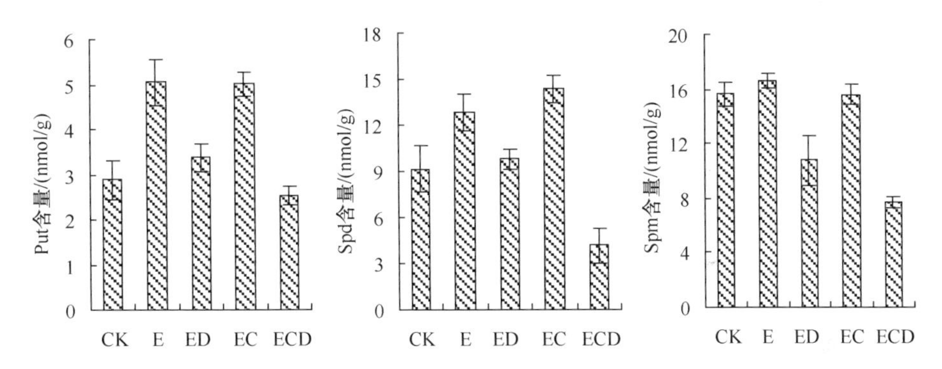

图 6-34 真菌诱导子处理对白桦悬浮细胞中 Put、Spd 和 Spm 含量的影响

CK. 对照；E. 真菌诱导子；ED. 真菌诱导子+ D-Arg；EC. 真菌诱导子+ CAT；ECD. 真菌诱导子+CAT+ D-Arg

6.5.6 真菌诱导子处理对白桦悬浮细胞活力和三萜含量的影响

真菌诱导子对白桦悬浮细胞活力的影响如图 6-35A 所示，真菌诱导子处理白桦悬浮细胞的活力降低了 19.83%；在真菌诱导的白桦悬浮细胞培养体系中加入多胺合成抑制剂 D-Arg 后，细胞活力比真菌诱导子单独处理降低了 2.07%；在真菌诱导的白桦悬浮细胞培养体系中加入 H_2O_2 清除剂后，细胞活力比真菌诱导子单独处理增加了 4.89%；在真菌诱导的白桦悬浮细胞培养体系中同时添加 D-Arg 和 CAT 后，细胞活力比单独真菌诱导降低了 3.85%。

真菌诱导子对白桦悬浮细胞中三萜含量的影响如图 6-35B 所示，真菌诱导子处理后白桦悬浮细胞中的三萜含量比对照增加了 81.52%。在真菌诱导的白桦悬浮细胞培养体系中加入多胺合成抑制剂 D-Arg 后，三萜含量比真菌诱导子单独处理降低了 46.66%；在真菌诱导的白桦悬浮细胞培养体系中加入 H_2O_2 清除剂 CAT 后，

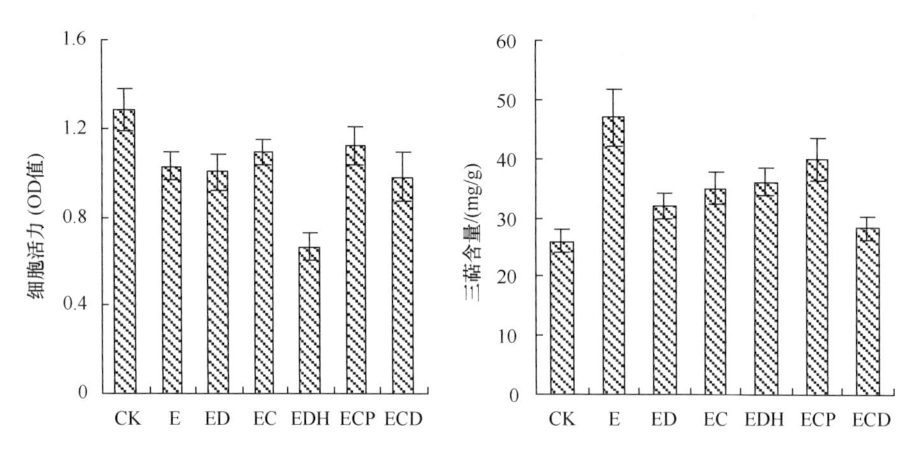

图 6-35 真菌诱导子处理对白桦悬浮细胞活力和三萜含量的影响

CK. 对照；E. 真菌诱导子；ED. 真菌诱导子+ D-Arg；EC. 真菌诱导子+CAT；EDH. 真菌诱导子+D-Arg+H_2O_2；ECP. 真菌诱导子+CAT+Put；ECD. 真菌诱导子+CAT+ D-Arg

细胞中的三萜含量降低了 37.85%；在真菌诱导的白桦悬浮细胞培养体系中同时添加 D-Arg 和 CAT 后，细胞中三萜含量比真菌诱导处理降低了 64.65%。

6.6 结　　论

在白桦悬浮细胞的生长末期添加 1mmol/L 腐胺（Put）、0.1mmol/L 过氧化氢（H_2O_2）和 40μg/ml 真菌诱导子，采用比色法、高效液相色谱法和荧光显微镜方法分析白桦悬浮细胞中三萜含量、多胺含量和 H_2O_2 荧光强度的变化。结果 1mmol/L Put 增加了细胞中 H_2O_2 的荧光强度和三萜含量。0.1mmol/L H_2O_2 促进了三萜的合成，却抑制了多胺中亚精胺（Spd）、精胺（Spm）的合成，而对 Put 无影响。在 Put 与 H_2O_2 同时处理下，细胞中的 H_2O_2 荧光强度和多胺含量均介于 Put 与 H_2O_2 单独处理下的，而三萜含量显著高于其单独处理；进一步通过药理学实验分析发现，真菌诱导子与 H_2O_2 清除剂过氧化氢酶（CAT）处理后，细胞中的 Put 和 Spd 含量比真菌诱导后分别增加了 0.62%和 16.05%，而对 Spm 无影响。真菌诱导子与 PAs 合成抑制剂 D-精氨酸（D-Arg）处理下，细胞中的 H_2O_2 荧光强度比真菌诱导子处理降低了；在真菌诱导子、CAT 和 D-Arg 同时处理下，细胞中的 H_2O_2 荧光强度、PAs 含量和三萜含量均低于真菌诱导子与 CAT 或 D-Arg 处理，但三萜含量仍高于对照。由此可见，Put 与 H_2O_2 在促进白桦三萜合成中存在交互作用。

参 考 文 献

[1] Kaya C, Ashraf M. Exogenous application of nitric oxide promotes growth and oxidative defense system in highly boron stressed tomato plants bearing fruit. Sci Hortic, 2015, 185(30): 43-47

[2] Modolo L V, Cunha F Q, Braga M R, et al. Nitric oxide synthase-mediated phytoalexin

accumulation in soybean cotyledons in response to the *Diaporthe phaseolorum* f. sp. *meridionalis* elicitor. Plant Physiol, 2002, 130: 1288-1297

[3] Liang Z S, Yang D F, Liang X, et al. Roles of reactive oxygen species in methyl jasmonate and nitric oxide-induced tanshinone production in *Salvia miltiorrhiza* hairy roots. Plant Cell Reports, 2012, 31(5): 873-883

[4] Zhang B, Zheng L P, Wang J W. Nitric oxide elicitation for secondary metabolite production in cultured plant cells. Applied Microbiology and Biotechnology, 2012, 93(2): 455-466

[5] Fan G Z, Zhai Q L, Zhan Y G. Gene expression of lupeol synthase and biosynthesis of nitric oxide in cell suspension cultures of *Betula platyphylla* in response to a *Phomopsis* elicitor. Plant Molecular Biology Reporter, 2013, 31(2): 296-302

[6] 徐茂军, 董菊芳, 朱睦元. NO 参与真菌诱导子对红豆杉悬浮细胞中 PAL 活化和紫杉醇生物合成的促进作用. 科学通报, 2004, 49(7): 667-672

[7] 王鹏程, 杜艳艳, 宋纯鹏. 植物细胞一氧化氮信号转导研究进展. 植物学报, 2009, 44(5): 517-525

[8] Yamamoto-Katou A, Katou S, Yoshioka H, et al. Nitrate reductase is responsible for elicitin-induced nitric oxide production in *Nicotiana benthamiana*. Plant Cell Physiol, 2006, 47(6): 726-735

[9] 徐茂军, 董菊芳. 一氧化氮分别通过依赖和不依赖活性氧的信号途径介导桔青霉细胞壁诱导子促进红豆杉悬浮细胞中紫杉醇生物合成. 科学通报, 2006, 51(14): 1675-1682

[10] Xu M J, Dong J. Elicitor-induced nitric oxide burst is essential for triggering catharanthine synthesis in *Catharanthus roseus* suspension cells. Appl Microbiol Biotechnol, 2005, 67(1): 40-44

[11] 徐茂军, 董菊芳, 朱睦元. NO 通过水杨酸(SA)或者茉莉酸(JA)信号途径介导真菌诱导子对粉葛悬浮细胞中葛根素生物合成的促进作用. 中国科学 C 辑(生命科学), 2006, 36(1): 66-75

[12] Delledonne M, Xia Y, Dixon R A, et al. Nitric oxide functions as a signal in plant disease resistance. Nature, 1998, 394: 585-588

[13] Durner J, Wendehenne D, Klessig D F. Defense gene induction in tobacco by nitric oxide, cyclic GMP, and cyclic ADP-ribose. Proc Natl Acad Sci USA, 1998, 95: 10328-10333

[14] Takahashi T, Kakehi J I. Polyamines: ubiquitous polycations with unique roles in growth and stress responses. Ann Bot, 2010, 105: 1-6

[15] 刘颖, 王莹, 龙萃, 等. 植物多胺代谢途径研究进展. 生物工程学报, 2011, 27(2): 147-155

[16] Hwang S J, Kim K S, Pyo B S, et al. Saponin production by hairy root cultures of *Panax ginseng* CA Meyer: influence of PGR and polyamines. Biotechnol Bioproc Eng, 1999, 4: 309-312

[17] Ozawa R, Bertea C M, Foti M, et al. Exogenous polyamines elicit herbivore-induced volatiles in lima bean leaves: involvement of calcium, H_2O_2 and jasmonic acid. Plant and Cell Physiol, 2009, 50(12): 2183-2199

[18] Suresh B, Thimmaraju R, Bhagyalakshmi N, et al. Polyamine and methyl jasmonate influenced enhancement of betalaine production in hairy root cultures of *Beta vulgaris* grown in a bubble column reactor and studies on efflux of pigments. Process Biochem, 2004, 39: 2091-2096

[19] Qin W M, Lan W Z. Fungal elicitor-induced cell death in *Taxus chinensis* suspension cells is mediated by ethylene and polyamines. Plant Sci, 2004, 166: 989-995

[20] Shinde A N, Malpathak N, Fulzele D P. Optimized production of isoflavones in cell cultures of *Psoralea corylifolia* L. using elicitation and precursor. Feeding Biotechnol Bioproc Eng, 2009, 14: 612-618

[21] 赵凤云, 王元秀. 植物体内重要的信号分子——H_2O_2. 西北植物学报, 2006, 2: 27-434

[22] 李师翁, 薛林贵, 冯虎元, 等. 植物中的 H_2O_2 信号及其功能. 中国生物化学与分子生物学

报, 2007, 23(10): 804-810
[23] 刘零怡, 赵丹莹, 郑杨, 等. 植物在低温胁迫下的过氧化氢代谢及信号转导. 园艺学报, 2009, 36(11): 1701-1708
[24] 杨芳, 张宗申, 杨斌. 过氧化氢对丹参悬浮细胞生长及次生代谢物积累的影响. 西南农业学报, 2011, 3: 901-904
[25] 方芳, 戴传超, 王宇. 一氧化氮和过氧化氢在内生真菌小克银汉霉属 AL4 诱导子促进茅苍术细胞挥发油积累中的作用. 生物工程学报, 2009, 25(10): 1490-1496
[26] 张莲莲, 谈锋. 真菌诱导子在药用植物细胞培养中的作用机制和应用进展. 中草药, 2006, 37(9): 1426-1430
[27] 白旭, 苏国兴, 孙娜, 等. 外源多胺对莴苣种子萌发诱导及其与一氧化氮的关系. 西北植物学报, 2009,(9): 1860-1866
[28] 孙娜, 王立伟, 张凤芝, 等. 外源多胺在莴苣幼苗侧根发育中的作用及其与一氧化氮的关系. 园艺学报, 2010, 37(8): 1273-1278
[29] Yamasaki H, Cohen M F. NO signal at the crossroads: polyamine-induced nitric oxide synthesis in plants? Trends in Plant Science, 2006, 11(11): 522-524
[30] 白雪, 熊俊兰, Asfa Batool, 等. 多胺与 NO 在植物逆境适应中的协同效应. 兰州大学学报, 2015, 51(3): 397-403
[31] Tun N N, Santa C C, Begum T, et al. Polyamines induce rapid biosynthesis of nitric oxide (NO) in *Arabidopsis thaliana* seedlings. Plant Cell Physiology, 2006, 47(3): 346-354
[32] Silveira V, Santa C C, Tun N N, et al. Polyamine effects on the endogenous polyamine contents, nitric oxide release, growth and differentiation of embryogenic suspension cultures of *Araucaria angustifolia* (Bert.) O. Ktze. Plant Science, 2006, 171(1): 91-98
[33] Gurung S, Cohen M F, Fukuto J, et al. Polyamine induced rapid root abscission in *Azolla pinnata*. Journal of Amino Acids, 2012, 15(1): 23-31
[34] 刘英甜, 王晓东, 周文洋, 等.多胺介导真菌诱导子促进白桦三萜积累的初步研究. 中草药, 2014, 45(5): 695-700
[35] Xu C M, Zhao B, Ou Y, et al. Elicitor-enhanced syringin production in suspension cultures of *Saussurea medusa*. World J Microbiol Biotechnol, 2007, 23: 965-970
[36] 王晓云, 夏循礼, 黄凤兰, 等. 植物次生代谢途径的遗传操作. 生物工程学报, 2012, 28(10): 1151-1163
[37] 刘春朝, 王玉春, 欧阳藩. 植物组织培养生产有用次生代谢产物的研究进展. 生物技术通报, 1997, 5: 1-3
[38] 齐凤慧, 詹亚光, 景天忠. 诱导子对植物细胞培养中次生代谢物的调控机制. 天然产物研究与开发, 2008, 20: 568-573
[39] 齐香君, 郭乐康, 陈微娜. 诱导子对黄芩毛状根生长及黄芩苷合成的影响. 中草药, 2009, 40(5): 801-803
[40] Onrubia M, Moyano E, Bonfill M, et al. Coronatine, a more powerful elicitor for inducing taxane biosynthesis in *Taxus media* cell cultures than methyl jasmonate. J Plant Physiol, 2013, 170(2): 211-219
[41] 徐茂军. 一氧化氮: 植物细胞次生代谢信号转导网络可能的关键节点. 自然科学进展, 2007, 17(12): 1622-1630
[42] 李翠霞, 王兆丰, 张继, 等. 诱导子对百里香中次生代谢产物的影响差异. 中国药学杂志, 2013, 48(2): 96-100
[43] 刘连成, 董娟娥, 张婧一, 等. Ca^{2+}对丹参培养细胞中迷迭香酸合成及其相关酶活性的影

响. 生物工程学报, 2012, 28(11): 1359-1369

[44] 李晓灿, 詹亚光, 王晓东, 等. 多胺对白桦悬浮细胞生长和三萜积累的影响. 中草药, 2013, 44(4): 463-467

[45] Moschou P N, Paschalidis K A, Delis I D, et al. Spermidine exodus and oxidation in the apoplast induced by abiotic stress is responsible for H_2O_2 signatures that direct tolerance responses in tobacco. The Plant Cell, 2008, 20: 1708-1724

[46] 范桂枝, 翟俏丽, 于海娣, 等.白桦细胞悬浮培养产三萜及其营养成分消耗的动态.林业科学, 2011, 47(1): 62-67

[47] 翟俏丽, 范桂枝, 詹亚光. 真菌诱导子促进白桦悬浮细胞三萜的积累. 林业科学, 2011, 47(6): 42-47

7 真菌诱导子促进白桦三萜积累的分子机制研究

应用植物组织培养生产药用次生代谢物的研究中，利用真菌诱导子诱导植物培养细胞以促使细胞快速、大量合成有用次生物质已成为人们普遍重视的方法。在真菌诱导子的作用机制方面，目前研究得还不透彻，一般认为诱导子加入细胞培养体系后会在 3 个水平上发生变化：①生理生化水平，诱导子介导植物细胞后依次发生信号识别、信号转导等[1, 2]；②基因水平，诱导子的加入导致某些基因在转录和翻译水平发生变化，甚至影响某些代谢酶数量变化[3]；③次生代谢水平，诱导子的加入导致目的产物的含量与分布发生变化[3]。其中，在生理生化方面的研究较多，但没有明确的答案。

为此，本研究将从真菌诱导子对白桦悬浮细胞中三萜合成关键酶基因表达的影响、对白桦悬浮细胞中蛋白质组的变化等两个方面探索真菌诱导白桦三萜合成的机制。期望通过上述研究，为解释真菌诱导白桦三萜合成的机制奠定理论基础。

7.1 真菌诱导子对白桦悬浮细胞中三萜合成关键酶基因表达的影响

三萜化合物包括游离三萜和三萜皂苷，广泛存在于高等植物中。三萜化合物是通过异戊二烯途径合成的，其生物合成路线为：甲羟戊酸（mevalonic acid）生成的异戊烯二磷酸（IPP）及其异构体二甲基丙烯二磷酸（DAPP）在香草二磷酸合成酶（GPS）作用下首先形成香叶二磷酸（GPP），接着利用法呢基二磷酸合成酶（FPS）转化成法呢基二磷酸（FPP），又在鲨烯合成酶（squalene synthase，SQS）的作用下合成鲨烯，然后经鲨烯环氧酶（squalene epoxidase，SQE）催化转变为 2,3-氧化鲨烯（2,3-oxidosqualene）。2,3-氧化鲨烯在氧化鲨烯环化酶（OSC）的作用下环化形成三萜化合物的前体物质，如 β-香树素（β-amyrin）、环阿屯醇（cycloartenol）、羽扇豆醇（lupeol）和达玛烯二醇（dammarendiol）[4-5] (图 7-1)。这 4 种三萜的前体物质是如何响应真菌诱导的还未见报道，为此，本研究分析真菌诱导后白桦悬浮细胞中 β-香树素、环阿屯醇、羽扇豆醇和达玛烯二醇的基因表达，分析其与白桦脂醇积累的关系。

7.1.1 RNA 纯度和完整性检测

所得 RNA 的 A_{260}/A_{280} 值均为 1.8~2.1，表明所提取的总 RNA 纯度较好。电泳

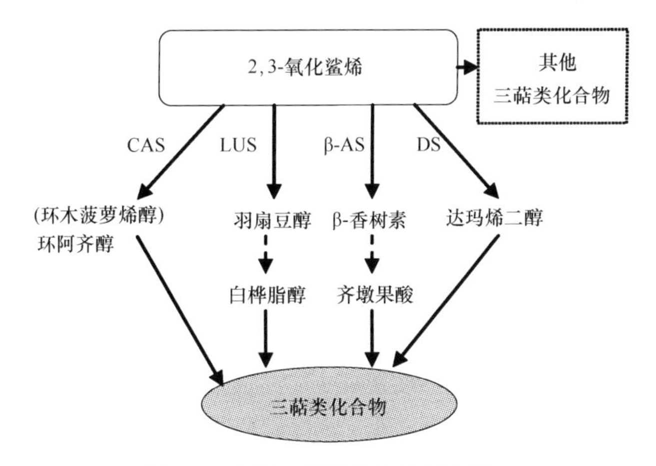

图 7-1　白桦三萜的生物合成途径

检测显示 RNA 条带清晰，无明显降解。凝胶孔无亮带，说明基因组 DNA 已去除，基本没有大量的小分子、盐、蛋白质存在（图 7-2），所提取的总 RNA 符合要求，可以用作定量分析。

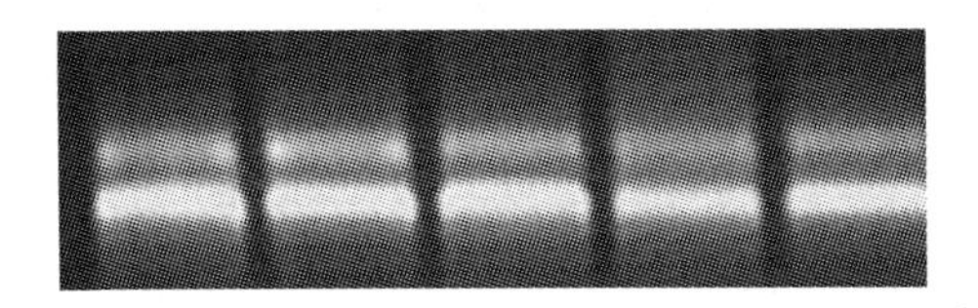

图 7-2　白桦悬浮细胞总 RNA 的 1.2%非变性琼脂糖凝胶电泳

7.1.2　代谢途径中关键酶基因扩增曲线与融解曲线分析

扩增曲线显示代谢途径中关键酶基因在荧光定量过程中，荧光强度均有不同程度的增加，模板已扩增（图 7-3）。融解曲线显示在所检测的温度范围内只有单一的峰型（图 7-4），说明在 PCR 扩增过程中没有非特异性扩增。

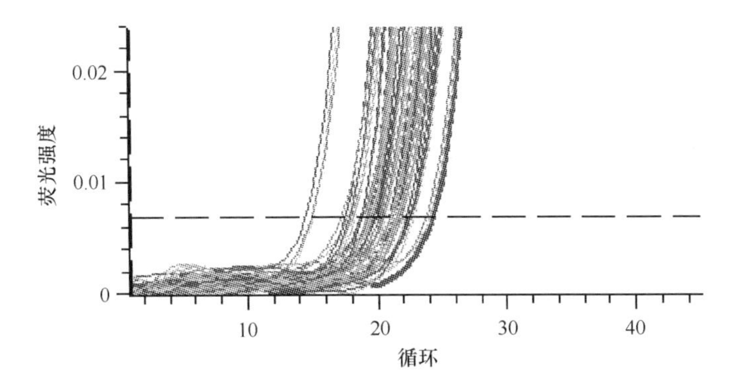

图 7-3　部分关键酶基因的 FQ-PCR 扩增曲线

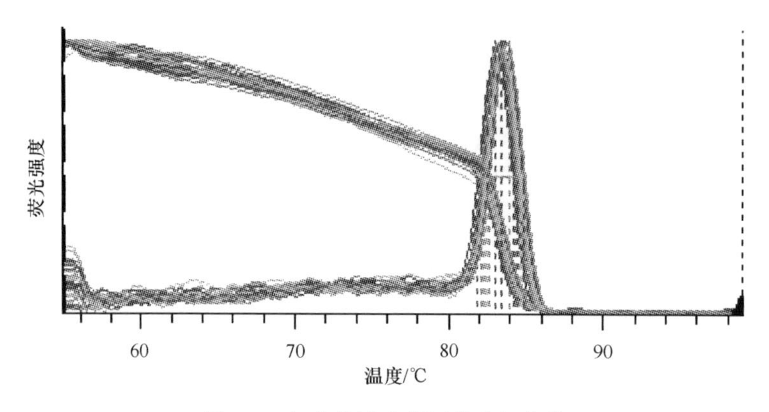

图 7-4 部分关键酶基因的融解曲线

7.1.3 真菌诱导下三萜合成关键酶基因的差异表达分析

荧光定量PCR检测真菌诱导后三萜合成关键酶基因的表达量结果如图7-5所示，*β-AS*基因在诱导后0.5h上调表达12.10倍，1h降为2.07倍，之后相对表达量保持稳定，18h相对表达量达到第二次高峰，上调8.21倍，24h的相对表达量上调3.17倍。

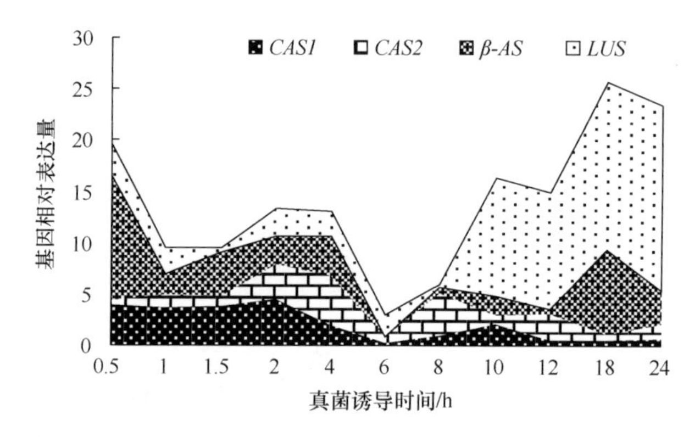

图 7-5 *CAS1*、*CAS2*、*β-AS* 和 *LUS* 基因的相对表达量分析

诱导10h之前*LUS*基因相对表达量为0.22~3.12，从10h开始显著升高，相对表达量为11.62，18h升高到16.39，24h相对表达量达到最高，上调18.08倍。

*CAS2*基因的表达受诱导子影响较小，相对表达量为0.50~4.79，诱导0.5h后下调为0.5，诱导4h上调至4.79，24h后相对表达量为1.39。

*CAS1*基因在诱导后0.5h相对表达量升高到3.93，之后保持稳定至2h后表达量为4.58，4h降低为2.01，12~24h下调表达，24h相对表达量为0.78。

7.1.4 腐胺诱导下三萜合成关键酶基因的差异表达分析

不同浓度腐胺处理白桦悬浮细胞3~48h后，*β-AS*基因表达水平的变化如图7-6

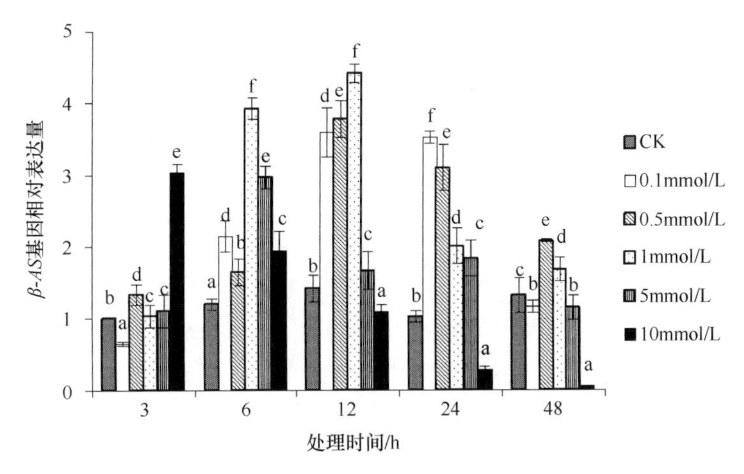

图 7-6 不同浓度腐胺对 β-AS 基因表达水平的影响

图中的不同字母为 $p<0.05$ 水平的多重比较，下同

所示。处理 3h 时，只有 10mmol/L 腐胺刺激了 β-AS 基因表达的上调，为对照的 3.04 倍，之后随着处理时间的延长，0.1mmol/L、0.5mmol/L 和 1mmol/L 腐胺对 β-AS 基因表达的诱导呈增加趋势。其中处理 12h 时，促进作用达到顶点，其中 1mmol/L 腐胺的促进作用最强，β-AS 基因相对表达量为 4.42，与对照相比增加 2.1 倍，处理 24h 时，0.1mmol/L 腐胺促进 β-AS 基因表达最明显，为对照的 3.43 倍；高浓度腐胺则随着处理时间的增加，抑制了 β-AS 基因的表达，5mmol/L 腐胺处理 48h 后 β-AS 基因的表达水平为对照的 86.90%，而 10mmol/L 腐胺处理时间越长，β-AS 基因的表达量越低，最后仅为 0.05（48h）。

LUS 是白桦脂醇关键合成酶羽扇豆醇合酶的编码基因，其表达水平受外源腐胺的处理浓度和处理时间影响（图 7-7）。0.1mmol/L 腐胺在处理 6~24h 促进 *LUS* 基因的表达，在 24h 时达到最大值，为对照的 1.43 倍，处理 48h 后则降低为对照

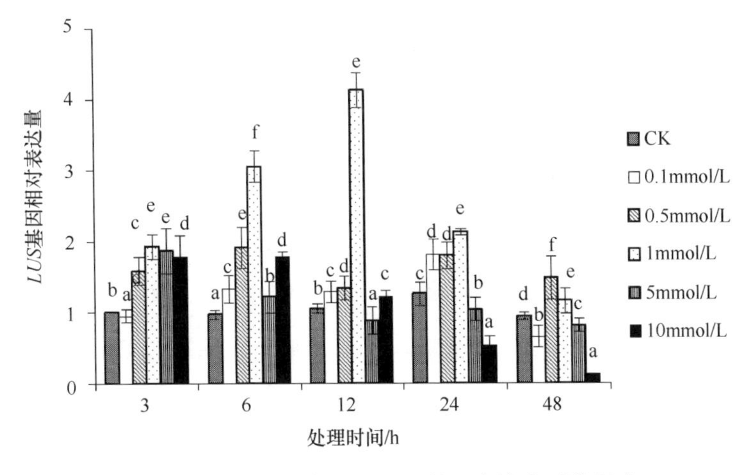

图 7-7 不同浓度腐胺对 *LUS* 基因表达水平的影响

的 68.90%；0.5mmol/L 腐胺在处理 3~48h 中一直诱导 *LUS* 基因表达的上调，其 *LUS* 基因相对表达量为 1.34（12）~1.91（6h），最高为对照的 1.98 倍；1mmol/L 腐胺对 *LUS* 基因的诱导作用最强，处理过程中 *LUS* 基因表达水平整体呈现先上升后下降的趋势，但一直高于对照水平，在 12h 时达到全部处理中的最大值（4.13），是同期对照的 3.93 倍；5mmol/L 腐胺处理后仅在处理 3h、6h 时提高了 *LUS* 基因表达水平，分别为对照的 1.87 倍和 1.25 倍；10mmol/L 腐胺处理后 *LUS* 基因表达水平随着处理时间的延长，从 1.77（3h）持续下降到 0.21（48h），最低仅为对照的 23%。综上所述，中低浓度的腐胺对白桦脂醇关键合成酶基因 *LUS* 基因表达的诱导作用强，其中 *LUS* 基因相对表达量最高值对应的为 1mmol/L 腐胺处理 12h，高浓度腐胺则可在处理初期促进 *LUS* 基因表达上调，随着处理时间的增加抑制 *LUS* 基因的表达。

不同浓度腐胺处理白桦悬浮细胞 3~48h 后，*CAS* 基因表达水平如图 7-8 所示。0.5mmol/L 和 1mmol/L 腐胺显著提高 *CAS* 基因的表达水平，其基因相对表达量总体呈先升高后降低的趋势，处理 12h 时达到最高值，分别为对照的 1.61 倍和 2.65 倍；0.1mmol/L 腐胺处理 12~24h 过程中在一定程度上促进 *CAS* 基因表达，相对表达量分别为 2.06 和 1.73，分别为对照的 1.72 倍和 1.34 倍，处理 48h 后 *CAS* 基因相对表达量降低为 0.52，为对照的 0.59 倍；5mmol/L 和 10mmol/L 腐胺则不同程度地抑制了 *CAS* 基因的表达，5mmol/L 腐胺处理后 *CAS* 基因相对表达量为 0.44（48h）~0.77（3h），而 10mmol/L 腐胺处理后 *CAS* 基因相对表达量为 0.0008（48h）~0.19（12h），基本完全抑制了 *CAS* 基因的表达。

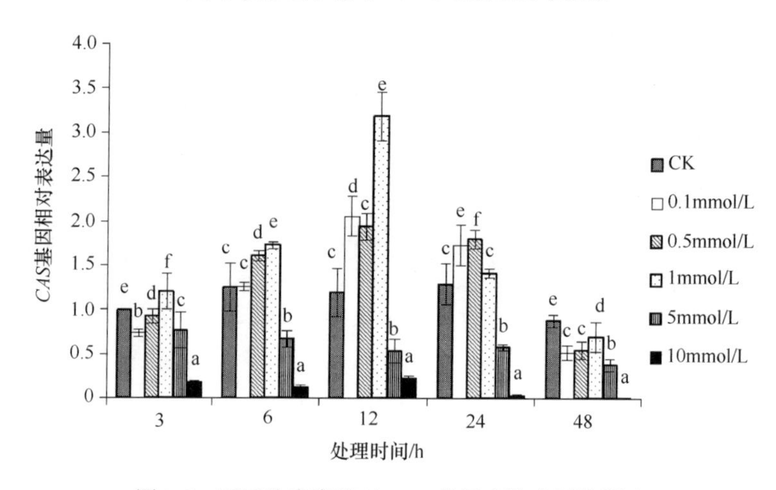

图 7-8 不同浓度腐胺对 *CAS* 基因表达水平的影响

7.1.5 小结

1）不同腐胺对三萜合成关键酶基因表达呈现浓度和时间效应，低浓度促进三萜关键酶基因表达而高浓度抑制其表达。其中，1mmol/L 腐胺处理后 12h 对 *LUS*

基因的促进效果最佳，为对照组的 3.93 倍。

2）真菌诱导后 *β-AS* 和 *LUS* 基因表达显著上调，而 *CAS1* 和 *CAS2* 基因的表达基本未受到影响。其中 *β-AS* 基因的表达对真菌诱导子的响应较早，分别在 0.5h 和 18h 达到高峰，相对表达量分别为 12.10 和 8.21。*LUS* 基因对诱导子的响应较晚，诱导后 10~24h *LUS* 基因相对表达量由 11.62 持续升高到 18.08，在真菌诱导后 2h 和 12h 三萜增长率出现了显著升高。这说明 *β-AS* 和 *LUS* 基因响应了真菌的诱导，并促进了三萜的积累，而 *CAS* 合酶基因的表达较为保守，不易受诱导，在真菌诱导三萜的积累中发挥的作用可能较小。由此可见，真菌诱导后 *LUS* 基因表达量增加的 18.08，其中部分来自真菌诱导后腐胺的作用，而其他部分是由真菌诱导后形成的一个复杂的信号调控网络诱导的。

7.2　真菌诱导下白桦悬浮细胞的蛋白质组学分析

新兴的学科蛋白质组学为进一步揭示真菌诱导子的作用机制提供了可能。蛋白质组学是从整体的蛋白质水平上，在一个更加深入、更加贴近生命本质的层次上发现和探讨生命活动的规律和重要生理、病理现象的本质。目前，植物抗逆蛋白质组学已经成为十分活跃的领域，已鉴定出了与干旱、低温、盐胁迫、病菌侵害等逆境响应的蛋白质[6-8]。例如，我国学者乌凤章对白桦低温胁迫下的蛋白质组进行了研究，鉴定出 10 种与低温胁迫相关的蛋白质[9]；Chivasa 等利用蛋白质组学研究了真菌诱导子对拟南芥细胞的影响，发现了与诱导子响应的防御蛋白和代谢相关酶[10]。由此可见，通过蛋白质组学分析可以揭示植物响应逆境胁迫的蛋白质种类及其分子调控网络，挖掘新的抗逆相关蛋白和基因，更重要的是从蛋白质水平了解植物抗逆的分子机制。然而，利用蛋白质组学在诱导子提高药用次生代谢物方面的研究报道很少，特别是在真菌诱导子方面，若能利用蛋白质组学分析真菌诱导次生代谢物的积累，将有助于研究者从整体和动态的蛋白质水平了解次生代谢物的诱导积累机制。

为此，在本研究组优化了白桦愈伤组织中白桦三萜积累的培养条件[11-14]，建立了有利于白桦三萜积累的悬浮细胞培养体系[15-17]，筛选到了有利于白桦细胞中三萜积累的内生真菌[拟茎点霉属（*Phomopsis*），保藏编号为 CCTCC No：M 209271]的基础上，利用差异蛋白质组学的方法，探讨真菌诱导子诱导白桦悬浮细胞蛋白质代谢及其对白桦三萜合成的影响，为揭示真菌诱导子促进次生代谢物合成的机制提供参考依据。

7.2.1　真菌诱导下白桦悬浮细胞蛋白质的双向电泳图谱分析

为了分析真菌诱导后白桦悬浮细胞蛋白质组变化，提取对照和处理样品总可溶性蛋白，并应用等电聚焦 SDS-聚丙烯酰胺双向电泳进行分离，应用 PDQuest

7.3.0 软件进行比较分析，结果表明真菌诱导后总蛋白质点数下降，由对照的 930 个蛋白质点下降到 871~895 个蛋白质点，差异为 3 倍以上的蛋白质点达 50 多个（图 7-9，表 7-1）。其中，真菌诱导 6h 后，有 18 个蛋白质点上调，32 个蛋白质点下调，变化幅度最大的蛋白质点为 2907，上调 6.9 倍；真菌诱导 24h 后，有 21 个蛋白质点上调，30 个蛋白质点下调，变化幅度最大的蛋白质点为 8704 和 9003，分别上调和下调了 9.0 倍和 13.1 倍。

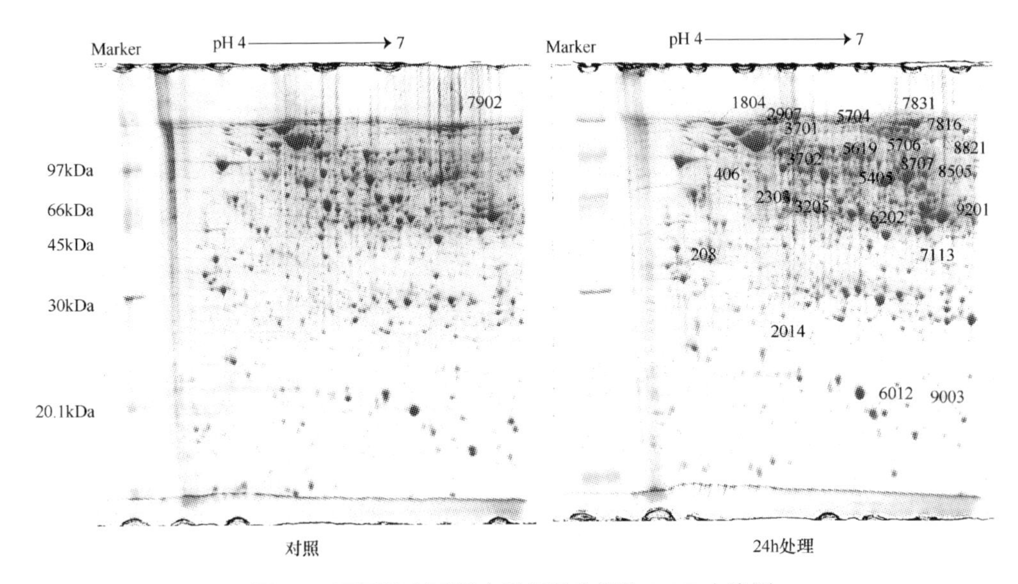

图 7-9　不同处理下蛋白质组学分析的 2-DE 电泳图

表 7-1　蛋白质点差异表达的统计分析

诱导时间	总蛋白质点数	表达量变化 3 倍的蛋白质点数	
		上调	下调
CK	930±34	—	—
6h	871±57	18	32
24h	895±42	21	30

7.2.2　差异蛋白质点的质谱检测和功能分析

真菌诱导后 6h 和 24h 两个时间段分别检测到 50 个和 51 个差异点，选取其中 50 个蛋白质点进行了质谱鉴定，将所得到的肽质量指纹图谱（PMF）用 Mascot 软件分析，在 NCBI 和 SwissProt 数据库中进行检索来鉴定蛋白质，由于鉴定的蛋白质来源于桦木科（Betulaceae）桦木属（*Betula* Linn.）植物，而目前为止还没有公布其植物的全基因组序列信息，因此尽管多数蛋白质点得到较好的 PMF 数据，但仅有 22 个蛋白质点鉴定成功（得分值≥60）（表 7-2）。

表 7-2 真菌诱导白桦细胞相关差异蛋白质点的质谱分析

蛋白质点编号	登录号	蛋白质名称	来源	等电点/蛋白质相对分子质量	多肽数目	分值
细胞壁生成和降解						
2303	gi|262401699	转肽-转糖苷酶	*Vibrio* sp. RC586	8.9/83.10	8	84
蛋白质翻译						
3205	gi|74693967	组蛋白去乙酰化复合酶 1 亚基 3	*Saccharomyces cerevisiae*	6.1/73.12	10	72
能量与代谢						
2907	gi|84028640	硝酸盐/亚硝酸盐反应调控蛋白 narL	*Escherichia coli*	5.7/23.91	7	64
5405	gi|75311602	*S*-腺苷甲硫氨酸合成酶	*Arabidopsis thaliana*	5.5/43.17	9	98
5704	gi|8249041	苯丙氨酸解氨酶	*Betula pendula*	6.4/47.67	14	156
6820	gi|8249041	苯丙氨酸解氨酶	*Betula pendula*	6.4/47.67	8	77
8707	gi|15219623	β-葡萄糖苷酶	*Arabidopsis thaliana*	6.7/60.14	7	85
3702	gi|227525186	PadR 转录调控因子	*Lactobacillus jensenii* JV-V16	6.3/12.39	7	75
7816	gi|71905873	ATP 的蛋白酶	*Dechloromonas aromatica* RCB	6.1/39.69	6	60
植物防御反应						
6012	gi|83722334	植物病程相关蛋白 PR-10	*Betula pendula*	6.0/16.47	12	189
7831	gi|227989451	组氨酸激酶	*Meiothermus slvanus* DSM 9946	9.7/49.62	8	65
3701	gi|119371408	GTP 结合蛋白	*Escherichia coli*	5.4/67.43	10	68
氧化还原反应						
8505	gi|87240458	吡啶核苷酸二硫键氧化还原酶 I 类	*Medicago truncatula*	6.5/60.76	11	97
8821	gi|71793966	乙醇脱氢酶	*Alnus glutinosa*	6.3/41.66	11	101
其他蛋白						
5619	gi|57547280	细胞融合蛋白	*Human metapneumovirus*	10.1/15.53	6	81
6706	gi|15221215	液泡蛋白分选关联蛋白 VPS26 26 家族蛋白	*Arabidopsis thaliana*	9.0/36.31	6	93
9201	gi|255561759	真核翻译起始因子 3 亚基	*Ricinus communis*	7.2/36.13	8	91
尚未确定功能的蛋白						
7902	gi|118488685	未知蛋白	*Populus trichocarpa*	7.8/69.58	11	85
9003	gi|224105391	未知蛋白	*Populus trichocarpa*	5.1/13.03	5	99
1804	gi|222857181	预测蛋白	*Populus trichocarpa*	4.9/94.10	12	86
7113	gi|222861225	预测蛋白	*Populus trichocarpa*	5.9/32.80	1	99
2014	gi|146343322	假设蛋白 BRADO6547	*Bradyrhizobium* sp. ORS278	4.9/24.94	6	63

从检测和匹配结果看，所匹配的蛋白质可以分成以下几类：①细胞壁生成和降解，包括转肽-转糖苷酶（点 2303）；②蛋白质翻译，包括组蛋白去乙酰化复合酶 1 亚基 3（点 3205）；③能量与代谢，硝酸盐/亚硝酸盐反应调控蛋白 NarL（点 2907）、

S-腺苷甲硫氨酸合成酶（点 5405）、苯丙氨酸解氨酶（点 5704）、β-葡萄糖苷酶（点 8707）、PadR 转录调控因子（点 3702）和 ATP 的蛋白酶（点 7816）；④植物防御反应，植物病程相关蛋白 PR-10（点 6012）、组氨酸激酶（点 7831）和 GTP 结合蛋白（点 3701）；⑤氧化还原，吡啶核苷酸二硫键氧化还原酶 I 类（点 8505）、乙醇脱氢酶（点 8821）；⑥其他蛋白，细胞融合蛋白（5619）、液泡蛋白分选关联蛋白 VPS26 26 家族蛋白（点 6706）、真核翻译起始因子 3 亚基（点 9201）；⑦未知蛋白，包括 5 个点，分别为 7902、9003、1804、7113 和 2014（图 7-10）。

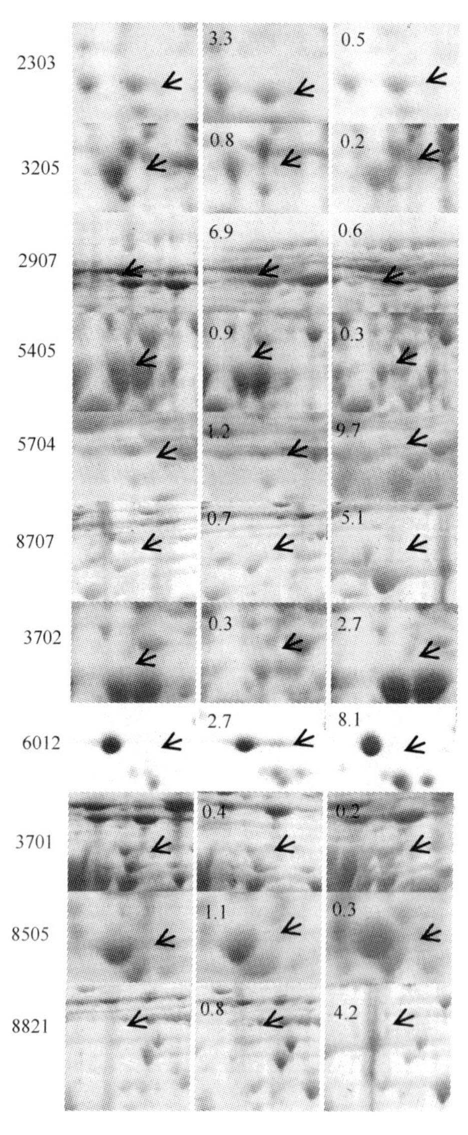

图 7-10　差异表达蛋白质点的放大比较

图中数据表示与对照相比的数值

2303 蛋白质点为转肽-转糖苷酶，该酶与肽聚糖的合成有关，真菌诱导子诱导6h 时，该蛋白质的丰度比对照组增加了 3.3 倍，而在 24h 时却比对照组降低了 1/2。可见，真菌诱导子诱导后植物细胞壁组成瞬间对此诱导做出了响应。

3205 蛋白质点为组蛋白去乙酰化复合酶 1 亚基 3，它通过去乙酰化作用移除组蛋白 N 端的乙酰基，使染色质的松散程度降低，从而抑制基因转录的起始与表达。真菌诱导子诱导处理 6h 和 24h 后，该蛋白质的丰度均比对照组降低了，分别降低了 3/4 和 1/4。同样，在拟南芥中的研究发现，脱落酸（ABA）可以下调组蛋白去乙酰化酶 AtHD2C 的表达；在过表达 AtHD2C 的转基因拟南芥中，ABA 响应基因的表达水平上调，突变体对盐和旱的耐受能力比野生型更强[18]。由此推断，该蛋白质表达量的降低可能导致白桦悬浮细胞中基因转录响应真菌诱导，这有待进一步研究。

2907 蛋白质点为硝酸盐/亚硝酸盐反应调控蛋白 narL。在大肠杆菌中，依赖于硝酸盐及亚硝酸盐的基因表达是通过一个双组分信号接收系统调节的。这个系统由 NarX、NarQ、NarL 和 NarP 4 个蛋白质组成，称为 Nar 系统。其中 NarL 和 NarP 是硝酸盐信号的响应调节因子，它们与下游的基因互作，调控硝酸还原酶、亚硝酸还原酶、亚硝酸盐外运蛋白、胡索酸还原酶和己醇脱氢酶等基因表达[19]。在本研究中，真菌诱导子诱导 6h 时，该蛋白质的丰度比对照组增加了 6.9 倍，而在 24h 时却降低到 3/5。由此假设，真菌诱导后白桦细胞的氮代谢能力提高了。与前面真菌诱导白桦悬浮细胞的营养生理中真菌诱导后白桦悬浮细胞中硝酸根、铵根和氨基酸等的再利用能力提高了相一致。但是目前，在植物中是否存在 Nar 系统还未证实。

5405 蛋白质点为 *S*-腺苷甲硫氨酸合成酶。*S*-腺苷甲硫氨酸合成酶催化甲硫氨酸和 ATP 生成 *S*-腺苷甲硫氨酸（SAM），SAM 是植物体内转甲基反应的甲基供体，也是多胺和乙烯合成的前体[20]。在多胺合成途径中，*S*-腺苷甲硫氨酸合成酶催化甲硫氨酸与 ATP 生物合成 *S*-腺苷甲硫氨酸（SAM），*S*-腺苷甲硫氨酸经过 *S*-腺苷甲硫氨酸脱羧酶（SAMDC）催化，生成脱羧 SAM，由 Put 与脱羧的 SAM 提供的氨丙基合成 Spd 和 Spm，此反应是由特定的氨丙基转移酶催化的，即亚精胺合成酶和精胺合成酶，由此可知在多胺合成途径中 SAM 和 SAMDC 都是合成 Spd 和 Spm 的关键酶[21]。前面的研究已经证实多胺介导了真菌诱导白桦三萜的合成，但是蛋白质组学的分析发现，真菌诱导 SAM 蛋白质点的表达量并没有提高而是降低了。本实验结果充分说明了 *S*-腺苷甲硫氨酸合成酶在植物细胞中执行功能的复杂性，其表达量降低的原因需要进一步分析。

5704 蛋白质点为苯丙氨酸解氨酶（PAL）。PAL 是连接初级代谢和苯丙烷类代谢、催化苯丙烷类代谢第一步反应的酶，是苯丙烷类代谢的关键酶和限速酶。PAL 在植物色素形成、在植物细胞分化和木质化过程、参与植物抗病虫害作用、参与植物逆境作用等方面具有重要意义[22, 23]。在本研究中，真菌诱导子诱导 6h 时，该蛋白质的丰度与对照组基本相同，而在 24h 时却比对照组增加了 9.7 倍。进一步分析真菌诱导后白桦悬浮细胞中 PAL 活性和基因表达水平发现，PAL 活性、基因表达水平变化趋势与蛋白质表达水平相同。同样，真菌诱导子也诱导了南方红豆杉悬浮细胞中 PAL 的活性和天然二萜紫杉醇的合成。由此推测，苯丙烷类代谢途径参与了真菌诱导白桦三萜的合成。

8707 蛋白质点为 β-葡萄糖苷酶。β-葡萄糖苷酶在植物的生物学功能方面起着重要作用，它不但可以防御外来的侵害，参与细胞壁分解代谢和木质化，而且具有信号转导、参与植物次生代谢的功能[24, 25]。近期的研究表明，β-葡萄糖苷酶基因不但可以被生物或非生物胁迫诱导，而且它们可以成功地对这些胁迫作出响应。同样，本研究发现，真菌诱导子诱导 6h 时，该蛋白质的丰度仅为对照组的 0.7 倍，而在 24h 时却比对照组增加 5.1 倍。可见，真菌诱导后 β-葡萄糖苷酶蛋白质水平的变化与白桦三萜积累的趋势相同，进一步证实了 β-葡萄糖苷酶在植物防御中的功能，但其具体的调控点还需进一步分析。

3702 蛋白质点为 PadR 转录调控因子，该转录因子首先在细菌中被发现，具有防御功能，但其在植物中还未见报道[26]。在本研究中，真菌诱导子诱导后该转录因子呈现先降低后增加的趋势，并且 24h 时的变化趋势与三萜相同。因此，PadR 转录调控因子基因的克隆及功能验证需要进一步研究。

6012 蛋白质点为病程相关蛋白 PR10，在植物体中 PR10 蛋白在植物防御真菌等微生物的侵害，以及其他的生物、非生物胁迫的过程中扮演着重要的角色。在不同的胁迫条件下，通过蛋白质组学目前已经筛选出了各种病程相关蛋白，例如，盐敏感和盐耐受的小麦品种经过盐胁迫之后的比较蛋白质组学分析，发现很多盐胁迫的蛋白质是上调表达的，其中就包括病程相关蛋白 10（PR10）[27]。又如，Alberto 等研究利用霜霉病菌感染葡萄的蛋白质组学分析，发现 PR10 蛋白同样是上调表达且对病原菌胁迫作出响应[28]。同样，本研究在真菌诱导子诱导 6h 时，该蛋白质的丰度与对照组基本相同，在 24h 时却比对照组增加了 8.3 倍。可见，PR10 蛋白参与了真菌诱导白桦三萜的合成，但其调控机制还不明确。

GTP 结合蛋白 LepA（3701 蛋白点）是与 GTP 或 GDP 结合的蛋白质，也称为鸟苷酸结合调节蛋白（guanine nucleotide-binding regulatory protein）。G 蛋白种类多，广泛参与细胞内的多种代谢途径，如细胞通讯、核糖体与内质网的结合、小泡运输、蛋白质合成等。G 蛋白是一个大家族，其中 LepA 蛋白质是核糖体延伸因子，在蛋白质翻译过程中催化核糖体进行反转位，这一家族中的成员通过与核糖体结合，参与蛋白质翻译过程中的不同阶段。LepA 蛋白质表达量的多少直接反映了植物细胞内蛋白质总量的变化[29]。前面实验表明，真菌诱导后白桦悬浮细胞中蛋白质含量降低，同时，真菌诱导子诱导处理 6h 和 24h 后，该蛋白质的丰度均比对照组降低了，分别降低了 1/2 和 1/5。

8505 蛋白质点为吡啶核苷酸二硫化物氧化还原酶 I 类，其中硫氧还蛋白是一类含有 NADPH 与黄素腺嘌呤二核苷酸进行电子传递的黄素蛋白，为二聚体酶，肽链中含有硒，是吡啶核苷酸二硫化物氧化还原酶家族的一员，该蛋白质与调节氧化还原有关。同样，硫氧原蛋白在植物中也具有调节氧化还原平衡的功能。本研究中，真菌诱导子诱导 6h 时，该蛋白质的丰度与对照组基本相同，而在 24h 时比对照组降低了 3/10，但该蛋白质是否为硫氧还原蛋白需要进一步核实。

8821 蛋白质点为乙醇脱氢酶，它是一种广泛专一性的含锌金属酶。在植物中乙醇脱氢酶具有调节氧化还原的功能。同样，本研究发现真菌诱导子诱导 6h 时，该蛋白质的丰度与对照组基本相同，而在 24h 时比对照组增加了 4.1 倍。

7.2.3 差异蛋白质点转录水平的验证分析

对上述差异蛋白质点苯丙氨酸解氨酶、PR10 和乙醇脱氢酶进一步采用实时荧光定量 PCR 方法分析其转录水平的变化，结果发现这 3 个基因转录水平的变化与其蛋白质表达趋势相同。不同的是真菌诱导 6h 时，苯丙氨酸解氨酶和乙醇脱氢酶差异蛋白表达与对照组基本相同，在转录水平却高于对照组。

7.2.4 小结

利用双向电泳技术对真菌诱导下白桦悬浮细胞蛋白质的差异表达情况进行了分析，在真菌诱导 6h 和 24h 后分别检测到 50 个和 51 个差异点，选取其中 50 个蛋白质点进行了质谱鉴定，仅有 22 个蛋白质点鉴定成功（得分值≥60），从检测和匹配结果看，所匹配的蛋白质可以分为细胞壁生成和降解、蛋白质翻译、 能量与代谢、植物防御反应、氧化还原和其他蛋白。

参 考 文 献

[1] Xu M J, Dong J F, Zhu M Y. Nitric oxide mediates the fungal elicitor-induced hypericin production of *Hypericum perforatum* cell suspension cultures through a Jasmonic acid dependent signal pathway. Plant Physiol, 2005, 139: 991-998

[2] 徐茂军. 一氧化氮：植物细胞次生代谢信号转导网络可能的关键节点. 自然科学进展, 2007, 17(12): 1622-1630

[3] Stephen C, John M H, Richard S P, et al. Proteomic analysis of differentially expressed proteins in fungal elicitor-treated *Arabidopsis* cell cultures. J Exp Bot, 2006, 57: 1553-1562

[4] 赵云生, 万德光, 陈新, 等. 五环三萜皂苷生物合成与调控的研究进展. 中草药, 2009, 2: 327-330

[5] 张长波, 孙红霞, 巩中军, 等. 植物萜类化合物的天然合成途径及其相关合酶. 植物生理学通讯, 2007, 4: 779-786

[6] Castielli O, Cerda B D, Navarro J A, et al. Proteomic analyses of the response of cyanobacteria to different stress conditions. FEBS Lett, 2009, 583: 1753-1758

[7] Lee K, Bae D W, Kim S H, et al. Comparative proteomic analysis of the short-term responses of rice roots and leaves to cadmium. J Plant Physiol, 2010, 167: 161-168

[8] Zhang H X, Lian C L, Shen Z G. Proteomic identification of small, copper-responsive proteins in germinating embryos of *Oryza sativa*. Ann Bot, 2009, 103(6): 923-930

[9] 乌凤章. 白桦低温胁迫响应与叶绿体 RNA 结合蛋白的蛋白质组学研究. 哈尔滨: 东北林业大学博士学位论文, 2008

[10] Chivasa S, Hamilton J M, Pringle R S, et al. Proteomic analysis of differentially expressed proteins in fungal elicitor-treated *Arabidopsis* cell cultures. J Exp Bot, 2006, 57(7): 1553-1562

[11] 范桂枝, 詹亚光, 李康, 等. 白桦愈伤组织中三萜物质提取条件的优化研究. 中国农学通报, 2009, 25(02): 55-58

[12] 王博, 范桂枝, 詹亚光. 培养基和植物激素对白桦愈伤组织生长及其三萜物质含量的影响. 林业科学, 2008, 44(10): 153-158

[13] 王博, 范桂枝, 詹亚光, 等. 不同碳源对白桦愈伤组织生长和三萜积累的影响. 植物生理学通讯, 2008, 44(1): 97-99

[14] 范桂枝, 王博, 詹亚光, 等. 光处理对白桦愈伤组织生长及其三萜物质积累的影响. 东北林业大学学报, 2009, 37(1): 1-3

[15] 范桂枝, 翟俏丽, 于海娣, 等. 白桦细胞悬浮培养产三萜及其营养成分消耗的动态. 林业科学, 2011, 47(1): 62-67

[16] Fan G Z, Zhan Y G, Wang B, et al. Effect of hormone combinations on triterpenoids accumulation of in suspension cell of *Betula platyphylla* Suk. J Agric Technol, 2008, 2(12): 1-4

[17] Fan G Z, Li X C, Wang X D, et al. Chitosan activates defense responses and triterpenoid production in cell suspension cultures of *Betula platyphylla* Suk. Afr J Biotechnol, 2010, 9(19): 2816-2820

[18] 王敏, 王一峰. 表观遗传修饰在植物逆境胁迫响应中的作用. 生命科学, 2013, 25(6): 574-579

[19] 米国华, 赖宁薇, 陈范骏, 等. 细菌、真菌及植物氮营养信号研究进展. 植物营养与肥料学报, 2008, 14(5): 1008-1016

[20] 樊金萍, 柏锡, 李勇, 等. 野生大豆 *S*-腺苷甲硫氨酸合成酶基因的克隆及功能分析. 作物学报, 2008, 34(9): 1581-1587

[21] 刘颖, 王莹, 龙萃, 等. 植物多胺代谢途径研究进展. 生物工程学报, 2011, 27(2): 145-155

[22] 董艳珍. 植物苯丙氨酸解氨酶基因的研究进展. 生物技术通报, 2006, 增刊: 31-33

[23] 翟俏丽, 范桂枝, 詹亚光. 真菌诱导子促进白桦悬浮细胞三萜的积累. 林业科学, 2011, 47(6): 42-47

[24] Malboobi M A, Lefebvre D D. A phosphate-starvation inducible β-glucosidase gene (psr3.2) isolated from *Arabidopsis thaliana* is a member of a distinct subfamily of the BGA family. Plant Mol Biol, 1997, 34: 57-68

[25] Kawasaki S, Borchert C, Deyholos M, et al. Gene expression profiles during the initial phase of salt stress in rice. Plant Cell, 2001, 13: 889-905

[26] Huillet E, Velge P, Vallaeys T, et al. LadR, a new PadR-related transcriptional regulator from *Listeria monocytogenes*, negatively regulates the expression of the multidrug efflux pump MdrL. FEMS Microbiol Lett, 2006, 254(1): 87-94

[27] Guo G F, Ge P, Ma C Y. Comparative proteomic analysis of salt response proteins in seedling

roots of two wheat varieties. J Proteomics, 2012, 75: 1867-1885
[28] Alberto M, Daniela C, Luisa B. Proteomic analysis of the compatible interaction between *Vitis vinifera* and *Plasmopara viticola*. J Proteomics, 2012, 75: 1284-1302
[29] 陈胡林, 刘仲荣, 杨慧兰. 硫氧还蛋白系统在皮肤光老化中的作用研究进展. 皮肤性病诊疗学杂志, 2011, 18(2): 127-129